建筑施工特种作业人员安全培训系列教材

塔式起重机司机

主　编　温旭宇

副主编　张　健　吴　昊

中国建材工业出版社

图书在版编目（CIP）数据

塔式起重机司机/温旭宇主编．—北京：中国建
材工业出版社，2019.2（2020.5 重印）
建筑施工特种作业人员安全培训系列教材
ISBN 978-7-5160-2412-6

Ⅰ.①塔…　Ⅱ.①温…　Ⅲ.①塔式起重机—安全培训
—教材　Ⅳ.①TH213.308

中国版本图书馆 CIP 数据核字（2018）第 209683 号

内容简介

　　本书以建筑施工特种作业人员管理规定、建筑施工特种作业人员安全技术考核大纲、建筑施工特种作业人员安全操作技能考核标准等相关文件为依据，以塔式起重机司机现场施工操作技能和安全知识点为主线，以简洁的语言、丰富的图表示例，对重点核心内容进行编写，以期提高塔式起重机司机的职业操作技能水平。

　　本书可作为塔式起重机司机的职业技能培训用书，也可供相关人员参考阅读。

塔式起重机司机
Tashiqizhongji Siji
温旭宇　主编
出版发行：中国建材工业出版社

地　　址：北京市海淀区三里河路 1 号
邮　　编：100044
经　　销：全国各地新华书店
印　　刷：北京雁林吉兆印刷有限公司
开　　本：850mm×1168mm　1/32
印　　张：5.625
字　　数：140 千字
版　　次：2019 年 2 月第 1 版
印　　次：2020 年 5 月第 2 次
定　　价：**28.00 元**

前　言

塔式起重机(以下简称塔机)作为垂直运送大型建筑物资及构件的特种设备,在建筑工地得到了广泛应用。鉴于新材料、新技术、新标准的飞速发展,建筑施工现场环境工况日益复杂,塔机的非标性、复杂性的特点凸显了出来。如果塔机操作人员对塔机结构及性能指标不熟悉,不了解其工作原理及相关基础知识,不掌握塔机操作过程中的危险源的辨识等基本技能,施工安全防范就无从谈起。为了适应我国塔机规模、种类、应用方法上的迅猛发展,塔机司机应该从塔机设计、制造、安装、修理、管理等角度深入了解相关内容。

为了帮助塔机司机了解塔机、认识塔机,在工作中辨识危险源,有效规避塔机的危险操作,我们重点对塔机分类、塔机主要性能参数、塔机构造、安全保护装置、附着及基础装置、简易维护及故障处理等内容进行了介绍。同时对塔机操作中的典型事故案例进行了分析。

国家法规定义中的"危大工程"需要具有较高专业理论和专业技能的人员参与到相关的工作中。针对施工一线的塔机操作工平均文化水平不高的现状,同时为了加强施工单位的施工安全管理,本书围绕相关法规、标准及新技术，以通俗易懂、简单明了、理论够用为原则，以突出表达最基本的理论，通过示例讲解、图片展示、关键安全操作，旨在使读者在了解塔机操作的基本操作要点及知识点的同时，能够从中学习一些与塔机作业有关的专业知识，以提高塔机施工作业中的安全操作水平。

由于时间及能力有限，本书难免有疏漏及问题，敬请读者指正。

编　者
2018 年 8 月

目　　录

第一章　基础知识

第一节　高处作业安全知识

高处作业是指人在一定高度为基准的高处进行的作业。国家标准《高处作业分级》GB/T 3608—2008 规定："凡在坠落高度基准面 2m 以上（含 2m）有可能坠落的高处进行的作业，都称为高处作业。"

为了防止高处作业中发生高处坠落及产生其他危及人身安全的各种事故，我们应该熟悉遵循以下高处作业安全知识。

1. 作业前准备

（1）建筑施工高处作业前，应对安全防护设施进行检查、验收，验收合格后方可进行作业；验收可分层或分阶段进行。

（2）高处作业施工前，应对作业人员进行安全技术教育及交底，并应配备相应防护用品。

（3）高处作业施工前，应检查高处作业的安全标志、安全设施、工具、仪表、防火设施、电气设施和设备，确认其完好后方可进行施工。

（4）高处作业人员应按规定正确佩戴和使用高处作业安全防护用品、用具，并应经专人检查。

2. 作业注意事项

（1）对施工作业现场所有可能坠落的物料，应及时拆除或采取固定措施。高处作业所用的物料应堆放平稳，不得妨碍通行和装卸。工具应随手放入工具袋；作业中的走道、通道板和登高用具，应随时清理干净；拆卸下的物料及余料和废料应及时清理运走，不得任意放置或向下丢弃，传递物料时不得抛掷。

（2）施工现场应按规定设置消防器材，当进行焊接等动火作业时，应采取防火措施。

（3）在雨、霜、雾、雪等天气下进行高处作业时，应采取防滑防冻措施，并应及时清除作业面上的水、冰、雪、霜，当遇有6级以上强风、浓雾、沙尘暴等恶劣气候，不得进行露天攀登与悬空高处作业。暴风雪及台风暴雨后，应对高处作业安全设施进行检查，当发现有松动、变形、损坏或脱落等现象时，应立即修理完善，维修合格后再使用。

3. 安全防护措施

临空高度在2m及以上的临边部位，具有较大的高处坠落隐患，因此，通过设置防护栏杆、梯子、护圈及踢脚板或工具式栏板可以保证高处作业的人员安全，以及防止高处坠落物体伤人等安全事故发生。作业人员也应熟知安全防护的具体要求，如发现与实际不符则应及时反馈。

（1）梯子的设置

不宜在与水平面约为65°～75°之间设置梯子。与水平面约为不大于65°的阶梯两边应设置不低于1m高的扶手，该扶手支撑于阶梯两边的竖杆上，每侧竖杆中间应设有横杆。

阶梯的踏板应采用具有防滑性能的金属材料制作，踏板横向宽度不小于300mm，梯级间隔不大于300mm，扶手间宽度不小于600mm。与水平面约为75°～90°之间的直梯应满足下列条件：

① 边梁之间的宽度不小于300mm；

② 踏杆间隔为250～300mm；

③ 踏杆与后结构件间的自由空间（踏脚间隙）不小于 160mm；

④ 边梁应可以抓握且没有尖锐边缘；

⑤ 踏杆直径不小于 16mm，且不大于 40mm；

⑥ 踏杆中心 0.1m 范围内承受 1200N 的力时，无永久变形；

⑦ 塔身节间边梁的断开间隙不应大于 40mm。

（2）护圈的设置

高于地面 2m 以上的直梯应设置护圈，护圈应满足下列条件：

① 直径为 600～800mm；

② 侧面应用 3 条或 5 条护圈沿圆周方向均布地与竖向板条连接；

③ 最大间距：侧面有 3 条竖向板条时为 900mm；侧面有 5 条竖向板条时为 1500mm；

④ 任何一个 0.1m 的范围内可以承受 1000N 的垂直力时，无永久变形。

当梯子设于塔身内部，塔身结构满足以下条件，且侧面结构不允许直径为 600mm 的球体穿过时［见图 1-1（a）］，可不设护圈：

① 正方形塔身边长不大于 750mm，见图 1-1（b）；

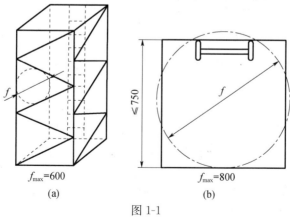

$f_{max}=600$

(a)

$f_{max}=800$

(b)

图 1-1

② 等边三角形塔身边长不大于 1100mm，见图 1-2；

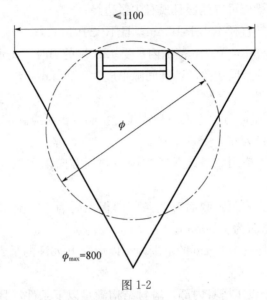

图 1-2

③ 直角等腰三角形塔身边长不大于 1100mm，见图 1-3（a）；或梯子沿塔身对角线方向布置，边长不大于 1100mm，见图 1-3（b）；

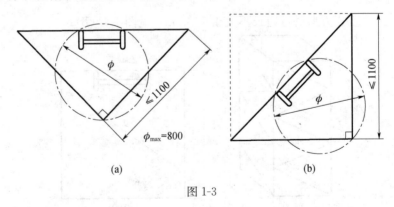

（a）　　　　　　　（b）

图 1-3

④ 筒状塔身直径不大于 1000mm，见图 1-4；

⑤ 快装式塔机。

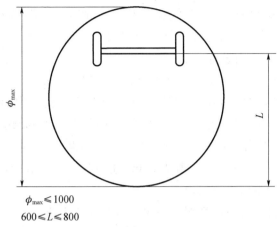

$\phi_{max} \leqslant 1000$

$600 \leqslant L \leqslant 800$

图 1-4

（3）平台、走道、踢脚板和栏杆的设置

在操作、维修处应设置平台、走道、踢脚板和栏杆。

平台和走道的设置离地面 2m 以上的平台和走道应用金属材料制作，并具有防滑性能。在使用圆孔、栅格或其他不能形成连续平面的材料时，孔或间隙的大小不应使直径为 20mm 的球体通过。在任何情况下，孔或间隙的面积应小于 400mm²。

平台和走道宽度不应小于 500mm，局部有妨碍处可以降至 400mm。平台和走道上操作人员可能停留的每一个部位都不应发生永久变形，且能承受以下荷载：

① 2000N 的力通过直径为 125mm 圆盘施加在平台表面的任何位置；

② 4500N/m² 的均布荷载。

平台或走道的边缘应设置不小于 100mm 高的踢脚板。在需要操作人员穿越的地方，踢脚板的高度可以降低。

离地面 2m 以上的平台及走道应设置防止操作人员跌落的手扶栏杆。手扶栏杆的高度不应低于 1m，并能承受 1000N 的水平移动集中荷载。在栏杆一半高度处应设置中间手扶横杆。

除快装式塔机外,当梯子高度超过10m时应设置休息小平台。

梯子的第一个休息小平台应设置在不超过12.5m的高度处,以后每隔10m内设置一个。

当梯子的终端与休息小平台连接时,梯级踏板或踏杆不应超过小平台平面,护圈和扶手应延伸到小平台栏杆的高度。休息小平台平面距下面第一个梯级踏板或踏杆的中心线不应大于150mm。

如梯子在休息小平台处不中断,则护圈也不应中断。但应在护圈侧面开一个宽为0.5m、高为1.4m的洞口,以便操作人员出入。

(4) 起重臂走道的设置

起重臂符合下列情况之一时,可不设置走道:(a) 截面高度小于0.85m;(b) 快装式塔机;(c) 变幅小车上设有与小车一起移动的挂篮。

① 对于正置式三角形的起重臂,走道的设置如下所示:

a. 起重臂断面内净空高度 h 等于或大于1.8m时,走道及扶手应设置在起重臂的内部,且至少应设置一边扶手,扶手安装在走道上部1m处,见图1-5。

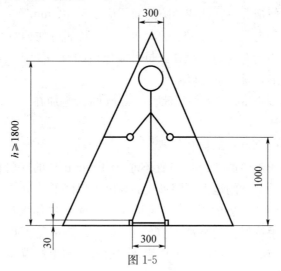

图 1-5

b. 起重臂高度 H 大于或等于 1.5m，但起重臂断面内净空高度 h 小于 1.8m 时，走道及扶手应沿着起重臂架的一侧设置，见图 1-6。

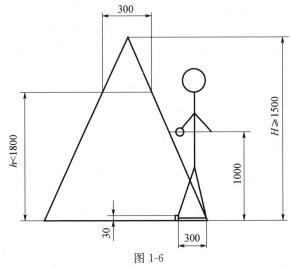

图 1-6

c. 起重臂高度 H 大于或等于 0.85m，且小于 1.5m 时，走道及扶手应沿着臂架的一侧设置，见图 1-7。

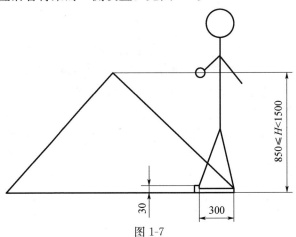

图 1-7

② 对于倒置式三角形的起重臂，走道的设置如下所示：

a. 起重臂断面内净空高度 h 大于或等于 1.8m 时，走道及扶手应设置在起重臂的内部，且至少应设置一边扶手，扶手安装在走道上部 1m 处，见图 1-8。

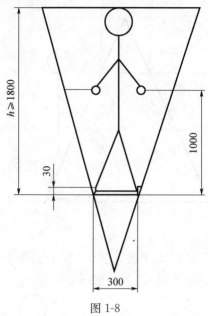

图 1-8

b. 当起重臂是格构式时，起重臂断面内净空高度 h 大于或等于 1.5m 时，走道及扶手应设置在起重臂的内部，且至少应设置一边扶手，扶手安装在走道上部 1m 处，见图 1-9。

c. 当起重臂高度均不满足①或②时，走道及扶手应设置在起重臂的上部，且扶手应设置在走道上边 1m 的外侧，见图 1-10。

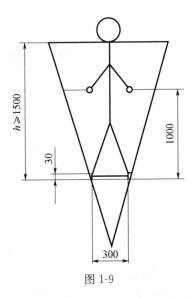

图 1-9

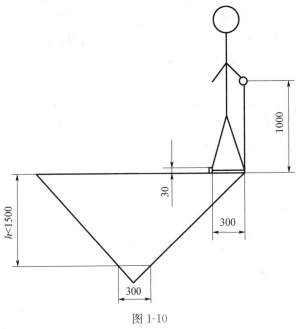

图 1-10

第二节　安全防护用品的使用

劳动防护用品，能使劳动者在劳动过程中免遭或减轻事故伤害或职业危害，所属单位应为劳动者免费提供符合国家规定的劳动防护用品，劳动者应按照劳动防护用品使用规则和防护要求正确使用劳动防护用品。

1. 安全帽

（1）安全帽的种类很多，如塑料、竹、玻璃钢、柳条等，不论哪一种都必须符合国家标准《安全帽》GB2811 的规定，此外，安全帽应该具有质量轻、透气性好的优点。其由一定强度的帽壳、帽衬、下颚带、后箍组成。

（2）凡进入施工现场的所有人员，都必须佩戴好安全帽，作业中不得将安全帽脱下，搁置一旁，或当坐垫使用。

（3）要正确使用安全帽，扣好帽带，调整好帽衬间距（一般约 4~5cm），勿使其轻易松脱或颠动摇晃。缺衬、带或破损的安全帽不得使用。

（4）在落物冲击安全帽的一瞬间，产生 5kN 冲击力时安全帽不破损，冲击力从落点经过帽子传递到人头部时，不仅大量衰减且使人的头部能够承受，并不受伤害。

（5）采购时，必须有产品检验合格证，不准购买和使用不合格品。安全帽应满足下列要求：

① 耐冲击

将安全帽经＋50℃、－10℃温度及水浸的三种情况下处理后，用将 5kg 重的铁锤自 1m 高处自由落下，冲击安全帽最大冲击力不应超过 5kN，因为人体的颈椎只能承受 5kN 冲击力，超过就易受伤害。

② 耐穿透

将安全帽经＋50℃、－10℃温度及水浸的三种情况下处理后，用 3kg 重的铁锤，自安全帽的上方 1m 高处自由落下，铁锤穿过安全帽，但不能碰到头皮。安全帽在戴帽的情况下，帽衬顶端与帽壳内面的每一侧面的水平距离应保持在 5～20mm。

③ 耐低温性能良好。当在－10℃以下的气温中，帽的耐冲击和耐穿透性能不改变。

④ 侧向刚度达到规范要求。

2. 安全带

（1）在攀登和悬空等作业中，必须佩戴安全带并有牢靠的挂钩设施。

（2）使用登高挂低用，防止摆动碰撞，使用 3m 以上的长绳要加缓冲器，自锁钩所用的吊绳除外。

（3）缓冲器、速差式装置和自锁钩可以串联使用。

（4）不准将绳打结使用，也不准将钩直接挂在安全绳上使用，应挂在连接环上使用。

（5）安全带上的各种部件不得任意拆除。新绳时要注意加绳套。

（6）安全带使用两年后，按批量购入情况，选择一定比例的数量抽验一次，用 80kg 的沙袋做自由落体试验，若未破断可继续使用，但抽检的样带应更换新的挂绳才能使用；若试验不合格，购进的这批安全带就应报废。

（7）使用频繁的绳，要经常进行外观检查，发现异常时应立即更换。带子使用期为 3～5 年，发现异常应提前报废。

（8）安全带不使用时要妥善保管，不可接触高温、明火、强酸、强碱或尖锐物体。

第三节 安全标志、安全色的基本知识

建筑起重机械作业环境复杂，相关操作人员常常在高空作业，对安全要求很高。因此对各种安全标识、安全色的知识进行了解，在作业时杜绝安全隐患，避免危险操作，有效消除或控制危险和有害因素，无人身伤亡和财产损失等，保障人员安全与健康、设备和设施免受损坏。

1. 安全色

安全色是表达安全信息的颜色，表示禁止、警告、指令、提示等意义。应用安全色使人们能够对威胁安全和健康的物体和环境尽快做出反应，以减少事故的发生。安全色用途广泛，如用于安全标志牌、交通标志牌、防护栏杆及机器上不准乱动的部位等。安全色的应用必须是以表示安全为目的和有规定的颜色范围。安全色应用红、蓝、黄、绿四种，其含义和用途分别如下：

红色表示禁止、停止、消防和危险的意思。禁止、停止和有危险的机器设备或环境涂以红色的标记。如禁止标志、交通禁令标志、消防设备、停止按钮和停车、刹车装置的操纵把手、仪表刻度盘上的极限位置刻度、机器转动部件的裸露部分、液化石油气槽车的条带及文字、危险信号旗等。

黄色表示注意、警告的意思。警告人们注意的器件、设备或环境涂以黄色标记。如警告标志、交通警告标志、道路交通路面标志、皮带轮及其防护罩的内壁、砂轮机罩的内壁、楼梯的第一级和最后一级的踏步前沿、防护栏杆及警告信号旗等。

蓝色表示指令、必须遵守的规定。如指令标志、交通指示标志等。

绿色表示通行、安全和提供信息的意思。可以通行或安全情

况涂以绿色标记。如表示通行、机器启动按钮、安全信号旗等。

很多时候使用对比色如黑、白两种颜色与安全色同时使用，让安全色更加醒目。在安全色与对比色同时使用时，应按表 1-1 规定搭配使用。

表 1-1　安全色的对比色

安全色	对比色
红色	白色
蓝色	白色
黄色	黑色
绿色	白色

注：黑色与白色互为对比色

一般安全色与对比色相间条纹表示特定安全标识。如黄色与黑色相间条纹应用于各种机械或移动时容易碰撞的部位（图 1-11 左图），蓝色与白色相间条纹表示必须遵守规定的信息（图 1-11 右图）。

移动式起重机的外伸腿、起重
臂端部、起重吊钩和配重

必须系安全带
易发生坠落危险
的作业场所

图 1-11

2. 安全标志

安全标志是用以表达特定安全信息的标志，由图形符号、安全色、几何形状（边框）或文字构成。主要分为以下四类。

（1）禁止标志：禁止不安全行为的图形标志，基本形式是带斜杠的圆边框（图1-12）。

禁止合闸
No switching on

禁止通行
No thoroughfare

图 1-12

（2）警告标志：提醒人们对周围环境引起注意，以避免可能发生危险的图形标志，基本形式是正三角形的边框（图1-13）。

当心坠落
Caution, drop down

当心坠物
Caution, falling objects

图 1-13

（3）指令标志：强制人们必须做出某种动作或采用防范措施的图形标志，基本形式是圆形边框（图1-14）。

（4）提示标志：向人们提供某种信息的图形标志，基本形式是正方形边框（图1-15）。

必须戴防护手套
Must wear
protective gloves

必须戴安全帽
Must wear
safety helmet

图 1-14

紧急出口
Emergent exit

图 1-15

第二章　塔式起重机的分类和主要构造

第一节　塔式起重机的基本参数

塔式起重机在建筑工地是必不可少的起重工具。塔式起重机参数包括基本参数和主参数。基本参数有以下几项，包含幅度、起升高度、起重量、轴距、轨距、总起重量、尾部回转半径、额定起升速度、额定回转速度、最低稳定速度。主参数是公称起重力矩。熟悉塔式起重机的基本参数对避免违规操作，保证安全施工具有重大意义。下面介绍主要的几项参数

1. 幅度 (L)

幅度是塔式起重机空载时，从塔式起重机回转中心线至吊钩中心垂线的水平距离，通常称为回转半径或工作半径。对于俯仰变幅的起重臂，当处于接近水平或与水平夹角为 13°时，从塔式起重机回转中心线至吊钩中心线的水平距离最大，为最大幅度 (L_{max})。当起重臂仰至最大角度时，回转中心线至吊钩中心线距离最小，为最小幅度 (L_{min})。对于小车变幅的起重臂，当小车行至臂架头部端点位置时，为最大幅度。当小车处于臂架根部端点位置时，为最小幅度。

小车变幅起重臂塔式起重机的最小幅度应根据起重机构造而定，一般为 2.5～4m。俯仰变幅起重臂塔式起重机的最小幅度，一般相当于最大幅度的 1/3（变幅速度为 5～8m/min 时）或 1/2

（变幅速度为 15～20m/min 时）。如小于上述值的变幅，起重臂就有可能由于惯性作用造成后倾翻等重大事故。

2. 起重量（G）

额定起重量（G_n）是起重机安全作业允许的最大起升荷载，包括物品、取物装置（吊梁、抓斗、起重电磁铁等）的质量。臂架起重机不同的幅度处允许不同的最大起重量（G_{max}），为塔式起重机的基本参数。此外，塔式起重机还有两个起重量参数，一个是最大幅度时的起重量，另一个是最大起重量。

俯仰变幅起重臂的最大幅度起重量是随吊钩滑轮组绳数不同而不同，单绳时最小，3 绳时最大。它最大起重量时在最小幅度位置。

小车变幅起重臂有单、双起重小车之分。单小车又有 2 绳和 4 绳之分，双小车多以 8 绳工作。因此，小车变幅起重臂也有 2 绳、4 绳、8 绳之分。有的则分为 3 绳和 6 绳两种。小车变幅起重臂的最大幅度起重量是小车位于臂头以 2 绳工作时的额定起重量，而最大起重量则是单小车 4 绳时或双小车 8 绳时的额定起重量。

塔式起重机的额定起重量是由起升机构的牵引力、起重机金属结构的承载能力以及整机的稳定性等因素决定的。超负荷工作会导致严重事故，因此，所有塔式起重机都装有起重量限制器，以防止超载事故造成机毁人亡。

3. 起重力矩（M）

塔式起重机的主参数是公称起重力矩（单位是 kN·m）。所谓公称起重力矩，是指起重臂为基本臂长时最大幅度与相应额定起重量的乘积，或最大起重量与相应拐点的乘积。

塔式起重机在最小幅度时起重量最大，随着幅度的增加使起重量相应递减。因此，在各种幅度时都有额定的起重量。不同的幅度和相应的起重量连接起来，可以绘制成起重机的性能曲线图。所有起重机的操作台旁都有这种网线图，使操作人员能掌握不同幅度下的额定起重量，防止超载。有些塔式起重机能加高塔身，由于塔身结构高度增加，风荷载及由风构成的倾翻力矩也随之增大，导致起重稳定性差，必须增加压重和降低额定起重量以保持其稳定性。

有些塔式起重机能配用几种不同臂长的起重臂，对应每一种长度的起重臂都有其特定的起重性能曲线。小车变幅起重机起重量大小与变幅小车台数和吊钩滑轮组工作绳的绳数有关。因此对应每一种长度的起重臂至少有两条起重性能曲线，塔式起重机使用中，应随时注意性能曲线上的额定起重量。为防止超载，每台塔式起重机上还装设力矩限制器，以保证安全。

4. 起升高度（H）

起升高度也称吊钩高度。空载时，轨道式塔式起重机是吊钩内最低点到轨顶面的垂直距离；其他型号起重机，则为吊钩内最低点到支承面的距离。对于小车变幅塔式起重机来说，其最大起升高度并不因幅度变化而改变。对于俯仰变幅塔式起重机来说，其起升高度是随不同臂长和不同幅度而变化的。

最大起升高度是塔式起重机作业时严禁超越的极限，如果吊钩吊着重物超过最大起升高度继续上升，必然要造成起重臂损坏和重物坠毁甚至整机倾翻的严重事故。因此每台塔式起重机上都装有吊钩高度限位器，当吊钩上升到最大高度时，限位器便自动切断电源，阻止吊钩继续上升。

5. 工作速度

塔式起重机的工作速度参数包括：起升速度、俯仰变幅速度、小车运行速度和大车运行速度等。在塔式起重机的吊装作业中，提高起升速度，特别是提高空钩起落速度，是缩短吊装循环作业时间、提高塔式起重机生产效率的关键。

塔式起重机的起升速度不仅与起升机构牵引速度有关，而且与吊钩滑轮组的倍率有关。2绳的比4绳的快一倍。提高起升速度，必须保证能平衡加速、减速和平衡地就位。

在吊装作业中，变幅和小车运行不像起升那样频繁，其速度对作业循环时间影响较小，因此不要求过快，但必须能平衡地启动和制动。

6.轨距、轴距、尾部外廓尺寸

轨距是两条钢轨中心线之间的水平距离。

轴距是前后轮轴的中心距。

尾部外廓尺寸：对下回转塔式起重机来说，是由回转中心线至转台尾部（包括压重块）的最大回转半径；对于上回转塔式起重机来说，是由回转中心线至平衡臂尾部（包括平衡块）的最大回转半径。

塔式起重机的轨距、轴距及尾部外廓尺寸，不仅关系到起重机的工作幅度能否被充分利用，而且是起重机运输中的关键数据。

第二节 塔式起重机基本工作原理

塔吊是建筑工地上最常用的一种起重设备，又名塔式起重机，以一节一节地接长，用来吊施工用的钢筋、木楞、混凝土、钢管等施工的原材料。塔式起重机是工地上一种必不可少的设备。下面对塔式起重机的分类和特点、塔式起重机工作原理的相关知识进行介绍。

塔式起重机是大型建筑工地中的常见设备。它是那么的显眼——常常耸入云霄几十米，而且"胳膊"伸出那么远。建筑工人用塔式起重机来提升钢材、水泥，以及其他各种不同的建筑材料。

当您观望某个耸立的起重机时，不禁会对它的本事感到有些不可思议：它为何不会翻倒？这么长的吊杆怎么能举起这么重的物体？它是怎么做到随建筑物的增高而增高的？如果您想了解塔式起重机的工作原理，在本书中您将能找到所有这些问题的答案，还能了解其他更多您所不知道的知识。

所有的塔式起重机的基本组成部件都是相同的：

起重机的基座通过螺栓与一块支撑起重机的大型混凝土板固定在一起。

基座与塔身标准节相连，塔体高度即塔式起重机的高度。

与塔顶相连的是回转单元，包括齿轮和电机。它们使得起重机水平旋转。

在回转单元的顶部有三个部分：

水平伸出的长起重臂（或工作臂），它是起重机中负荷重物的部分。一个起重小车，它能沿起重臂行走，使得起吊物靠近或远离起重机的中心。

较短一些的水平机械臂，其中放置了起重机的电机及电气设备，以及实心的大块配重。

机械臂中含有用于提升重物的电机，以及用于驱动起重机的电气控制设备和电缆卷筒。

用于驱动回转单元的电机置于回转单元的大齿轮上方。

现在让我们来了解一下这个设备能对付多重的物体。

一个典型的塔式起重机规格如下：

最大自由高度——80m。

如果起重机跟建筑物相连，那么当建筑物在升高时，起重机能达到的高度就远不止80m了。

最大工作半径——70m。

最大提升质量——18t，300t·m。

配重——16.3t。

起重机的最大提升质量为18t，但如果重物是放置于起重臂的末端的，那么起重机将不能提升那么大的质量。重物离塔柱越近，起重机能安全提升的质量就越大。300t·m 这一参数可以这样解释。例如，如果操作员将重物置于与塔柱相距 30m 的地方，那么起重机最多能提升 10t 的重物。

起重机有两个极限开关能确保操作员不使起重机超重：

最大载重开关检测着绳索上的拉力以确保载重没有超过 18t。

载重力矩开关确保操作员在起重臂上移动重物时没有超过起重机的额定规格。在塔帽有一个组件能测得起重臂上的变形量，并能在超重的情况发生时得到感应。

现在我们知道，如果这些物体中的一个掉到工地上，那么将会导致灾难性的后果。让我们看看是什么使得这些庞大的结构能够保持竖直。

当您注视一个塔式起重机的时候，眼前的景象似乎是难以置信的——一个没有任何拉索支撑的结构居然可以稳稳地站立，它们为什么不会倾倒呢？

与塔式起重机的稳定性相关的首要因素是一块很大的混凝土台，在起重机运抵之前，施工队会花上几周的时间来浇筑这个台子。这个混凝土台通常有 10m×10m×1.3m——这是本书谈及的起重机所对应的混凝土台尺寸。深嵌入混凝土台内的大锚固螺栓能支撑起重机的底部。因此这些起重机实际上是由螺栓和基础相连来确保它们的稳定性的。

塔式起重机需要用 10 至 12 辆拖车才能运达建筑工地。操作人员使用一台移动吊车来安装起重臂和机械部分，并将这些水平的部件放到一个由两部分组成的 12m 的塔柱上。然后移动吊车再在其上加配重。塔柱由这个坚固的基座中升起。它是一个大的三角桁架结构，截面通常有 3.2m²。这种三角形的结构使得塔柱有足够的强度来保持竖直。

为了上升到最大的高度，起重机会一次一次将自身提升一节标准节的高度!

操作人员将重物悬挂于起重臂上以平衡配重。

操作人员将回转单元从塔顶分离,在顶升套架上的大型液压机能将回转单元推起 6m。

起重机操作员使用起重机将另一个 6m 高的标准节推至由顶升套架撑起的空当中。一旦标准节就位,起重机也就"长高"了 6m!

大楼建成后即是起重机应该降下来的时候了,整个过程是相反的——起重机将其自身的塔身分拆,然后变矮的起重机再分拆其余部分。

第三节 塔式起重机的分类和型号编制

塔式起重机的品种很多,每个品种又按主参数的不同划分很多规格,为了很快识别出塔机的类别和主参数,就必须了解塔式起重机的分类和型号编制规则。

1. 塔式起重机的分类

塔机按照不同的特征,分类的方法很多,而且有的要相互交叉,一时很难概述清楚。笔者以为对塔机分类首先要抓住主要特征,在抓住主要特征分出大类后,再抓次要特征去细分,就容易搞清楚了。

(1)按回转支承的位置分

塔式起重机可以分为上回转塔式起重机和下回转塔式起重机。

上回转塔式起重机回转支承靠近顶部;下回转塔式起重机回转支承靠近底部。这两种塔式起重机性能和应用范围差别很大,受力特性也差别很大,安装方法差别也特别大,所以是最重要的一个特性分类。

上回转塔式起重机,它的起重臂、平衡臂、塔帽、起升机构、回转机构、变幅机构、电控系统、驾驶室、平衡重都在回转支承以上，其主要构造示意如图 2-1 所示。它的自身不平衡力矩和起重力矩都作用在塔身顶部，所以塔身以受弯为主、受压为辅。正是依靠塔身，把力矩和压力从上面一直传到底部。上回转塔式起重机的突出优点是可以随时加节升高，可以打附着升得很高。所以中高层建筑都得要靠上回转塔式起重机，这是我国目前建筑工地上用得最多的塔式起重机。但是，由于它的塔身要承受很大的弯矩，故容易晃动，自升加节倒塔的危险性比较大，使用和管理上要引起高度注意。

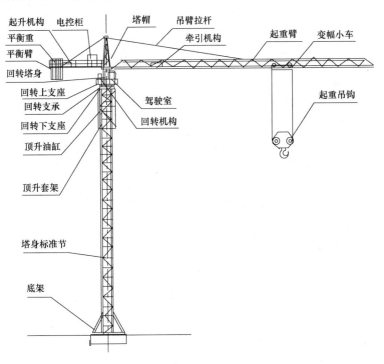

图 2-1　上回转塔式起重机构造示意图

下回转塔式起重机，它的回转支承就在底架之上，工作时塔

23

身也回转。其构造示意图如图 2-2 所示。

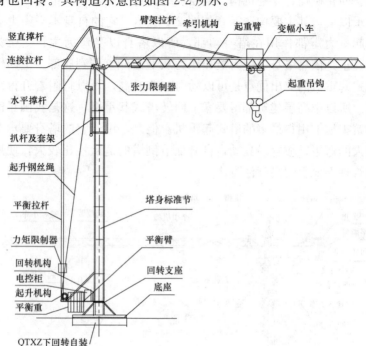

图 2-2 下回转塔式起重机构造示意图

下回转塔式起重机的顶部只有起重臂、撑杆和拉杆,如认为必要也可挂一个副驾驶室。而它的平衡臂、平衡重、起升机构、回转机构、电控系统、主驾驶室都在下面,所以它的维护管理、维修都比较方便,重心低。更重要的是它的顶部没有不平衡力矩,不平衡力矩和起重力矩通过平衡拉杆受拉和塔身受压一直传到底部,塔身很少受弯,所以晃动小,起吊平稳,而且可以节约材料,降低成本。下回转塔式起重机的这种受力特性使它不容易出现倒塔,这比起上回转自升式塔式起重机安全得多。但下回转塔式起重机的最大缺点是不能自升和打附着,故它的工作高度要低于上回转自升式塔式起重机。不过对 12 层以下的中低层建筑,用下回转塔式起重机比用上回转自升式塔式起重机合算得多，也安全得多。在欧洲，下回转塔式起重机的台数很多，并不像我国目前这样几乎到处都是上回转塔式起重机。

（2）按臂架结构方式分类

分为小车变幅式塔式起重机和动臂变幅式塔式起重机（图2-3）。

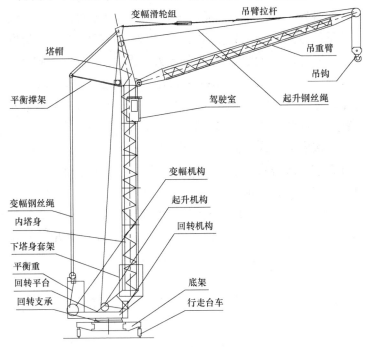

图 2-3　动臂变幅式塔式起重机示意

小车变幅塔式起重机，就是平常我们到处可见到的水平臂架，其上有一个小车，臂架通常为三角形截面，下面两根主弦作为小车的导轨。臂架内有一牵引机构，为小车移动提供动力。这种塔式起重机的臂架可以很长，国产塔式起重机最长的已达70cm，所以小车变幅塔式起重机已占压倒优势，上回转塔式起重机和下回转塔式起重机都用。有了小车变幅，大塔可以不行走就可以满足大工作面的要求。

动臂变幅塔式起重机，其臂架是一根桁架式的受压柱，一般为矩形截面。下端铰接到回转塔身顶部，上端用拉索连接塔帽或撑杆。它的变幅靠改变臂架仰角实现，如图 2-3 所示。当动臂变幅时，臂架和重物都要上下移动，所以动臂变幅的变幅机构功率较大，而且要求制动相当可靠，变幅钢丝绳要绝对保险，否则臂架有掉下的危险。工作幅度不能太大和难以保障变幅钢丝绳断裂是动臂变幅塔式起重机推广应用的最大障碍。在我国，动臂变幅已用得很少，但在东南亚、香港还有使用，原因是在他们那里，邻居不许你侵犯"领空"，否则你得给钱才行。故用动臂式塔式起重机仰起臂架，可以做到不侵犯邻居的"领空"。

（3）按安装方式分类

分有拼装式塔式起重机、快装式塔式起重机、自升式塔式起重机和内爬式塔式起重机。

① 拼装式塔式起重机主要特点是塔身由许多标准节拼装起来，达到独立式工作高度。但不能顶升加节。上回转塔式起重机和下回转塔式起重机都可以采用拼装式，其中依靠自身的起升机构为动力安装的叫自装式塔式起重机。自装式塔式起重机比较经济实惠，因为它不必租用外来吊车安装，也节省了顶升机构。但它只能以独立式工作高度来工作，不能升得很高，所以只适用于中低层建筑。借助于汽车吊来拼装的塔式起重机，叫他装式塔式起重机，在欧洲还把它叫城市型塔式起重机。实际上，图 2-1～图 2-3 都属于拼装式塔式起重机。

② 快装式塔式起重机是塔式起重机本身带有专用拖行和架设装置，可以把臂架和塔身折叠起来，实现整体拖运；到工地后，又可很快把它立起来，所以更准确地说应该叫整体拖运快速安装塔式起重机，见图 2-4。这种塔式起重机最大的优点是转移工地方便，灵活机动，几个小时就可实现转移工地。但整体拖运塔式

起重机会受到拖运长度限制，若其体积过长过高过宽，马路上不准走，进场地也有困难，所以工作参数受限制很大，起吊高度和工作幅度都不会很大。而且即使可拖走，基础不固定，往往就得用行走式，就要加轨道。快装式塔式起重机都是下回转式起重机式，因为只有下回转塔式起重机才好折叠，上回转式不好折叠倒放。为了实现快速安装，必然要有一套专用的折叠和拖运装置，这就要增加成本，价格较高，这是快装式塔式起重机的又一个缺点。我国目前推广快装式塔式起重机不太普遍，但在欧洲发达国家，用得非常普遍，这主要是他们的经济基础好，而且高层建筑相对不多，适于用快装式塔式起重机。

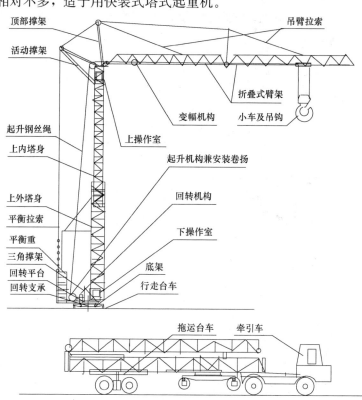

图 2-4 整体拖运快速安装塔式起重机

③ 自升式塔式起重机的塔身也是由标准节拼装起来的，实际上也是拼装式塔式起重机中的一种。但是它还配有顶升加节系统，装好以后它可以随时顶升加节升高，这一特点更为突出。自升式塔式起重机最大的优点是可以打附着，可以升得很高，因而特别适应于中高层建筑和桥梁建筑，是我国现有塔式起重机中唱主角的机型。图 2-5 为附着式塔式起重机示意图。自升式塔式起重机都是上回转式，因为它要打附着，不容许塔身回转。快速安装的下回转塔式起重机也有用下加节方式升高的，但高度受限，

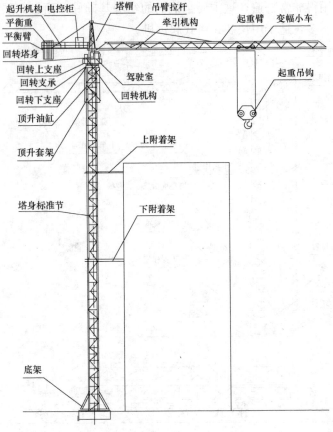

图 2-5　附着式塔式起重机示意图

因安装过程不同，所以不能叫自升式塔式起重机。

　　④ 内爬式塔式起重机的塔身同样也由标准节拼装而成，然而在其底部有一套专用的井道爬升装置，它可以沿井道爬得很高，送料高度也可以很高，但不必加很多标准节，而且它处于建筑物内部，故工作覆盖面很有效。图 2-6 为内爬式塔式起重机示意图。内爬式塔式起重机的缺点在于爬升和拆塔操作都比较困难，因而不像自升式塔式起重机用得那么多。

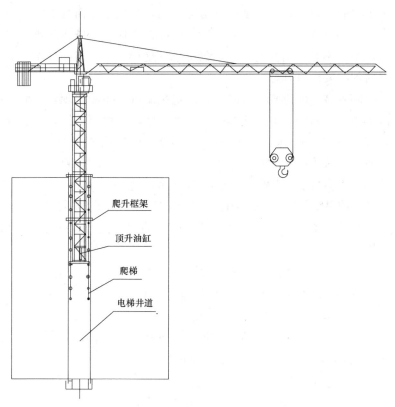

爬升框架

顶升油缸

爬梯

电梯井道

图 2-6　内爬式塔式起重机示意图

（4）按底架是否移动分类

有固定式塔式起重机和行走式塔式起重机。

固定式塔式起重机的底架固定在一个混凝土基础上，这个基础埋于地下，只要地基可靠，一般抗倾翻，稳定性好，比较安全。而行走式塔式起重机底架通过钢轮在钢轨上行走，其工作覆盖面可以大大增加，但只能以独立式工作高度工作。为了防止倾翻，底架上必须加很大的压重，底梁必须大大加强，否则很容易变形倾斜。行走台车和驱动机构都大大增加成本，而且电缆要由专用装置收放，所以如果能有长臂架覆盖工作面的塔式起重机可选，最好不要使用行走式塔式起重机。这样有利于节约成本，而且对保障安全有好处。

随着技术的进步，新的塔式起重机品种会不断出现，上面的分类不是绝对的，会彼此交叉，比如下回转也可以搞拼装式和固定式，图2-2所示就是这样的塔式起重机，而且这种塔式起重机会兼顾上回转和下回转塔机的某些优点，克服各自的某些缺点，这些创新将会给市场提供越来越多的塔机品种型号，适应不同的工作要求，或是降低成本，或是提高安全保障。像中国这样的发展中国家，尤其需要鼓励创新，要结合国情，不断开发适合各种用户需求的塔式起重机。

2. 塔式起重机型号编制方法

为了快速有效地区别各种塔式起重机的品种规格，我们应当了解我国塔式起重机的型号编制方法。

根据行业标准《建筑机械与设备产品型号编制方法》ZBJ04008的规定，我国塔式起重机的型号编制图示如下：

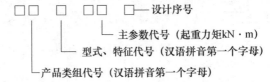

　　塔式起重机在起（Q）重机大类的塔（T）式起重机组，故前两个字母为 QT；特征代号看你强调什么特征，如快装式用 K，自升式用 Z，固定式用 G，下回转用 X 等等。例如：

　　QTK400 代表起重力矩 400kN·m 的快装式塔机。

　　QTZ800B 代表起重力矩 800kN·m 的自升式塔机，第二次改型设计。

　　但是，以上型号编制方法只表明起重力矩，并不能清楚地表示一台塔式起重机到底工作最大幅度是多大，在最大幅度处能吊多重，而这个数据往往更能明确表达一台塔式起重机的工作能力。而这一点，用户更为关心。所以现在又有一种新的型号标识方法，它的编制如下：

　　　　TC　　5013 A —— 设计序号
　　　　　　　　　└── 最大幅度50m，该处可吊13kg
　　　　　　└── 英语塔式起重机（Tower Crane）第一个字母

　　这个型号标记方法不是正式标准，但很受欢迎，传播应用较广泛，我们应该掌握。

第四节　上回转塔式起重机的构造及特点

　　塔式起重机品种型号规格很多，但主要的分类是上回转塔式起重机和下回转塔式起重机，这两类塔式起重机整机功能、适用范围和受力性能差别很大，尤其是金属结构的性能差别很大，因此要分别介绍。

　　上回转塔式起重机是回转支承在塔身顶部的起重机，尽管其设计型号各种各样，但其基本构造大体相同。整台的上回转塔式起重机主要由金属结构、工作机构、液压顶升系统、电气控制系统及安全保护装置五大部分组成。每一部分又都包含多个部件。在这里我们不打算去介绍各种型号塔式起重机的具体构造，只抓住其基本组成及部件的作用和特点做典型介绍。

　　塔式起重机的金属结构是整台塔式起重机的支撑架，其设计制作的好坏，直接关系到整台塔式起重机的使用性能和使用寿命，也关系到建筑工地人员生命财产的安全，因而金属结构是塔式起重机的关键组成部分。金属结构的设计计算是一个很复杂的过程，它涉及负载计算和承载能力分析，不是简单介绍一些公式所能奏效的。本书的目的是讲述安全知识，故不打算过多解释计算方法。

　　上回转塔式起重机的金属结构主要包括：底架、塔身、回转下支座、回转上支座、工作平台、回转塔身、起重臂、平衡臂、塔顶、驾驶室、变幅小车等部件。但自升式塔式起重机还要加爬升套架，内爬式塔式起重机还要加爬升装置，行走式塔式起重机要增加行走台车，附着式塔式起重机要加附着架。这些增加的装置大多也以金属结构为主。图 2-7 为一台既有顶升又有行走台车的上回转塔式起重机，可以作为典型的构造示意图。

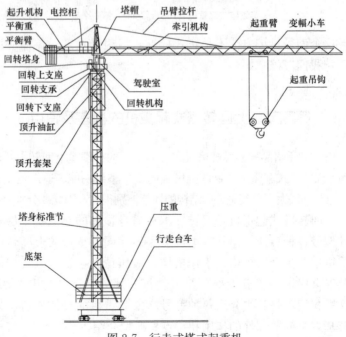

图 2-7　行走式塔式起重机

1. 底架

底架一般由十字底梁、基础节、底节及四根撑杆组成。十字底梁由一根整梁和两根半梁用螺栓连接而成。这样的构造可以使塔式起重机的倾翻线外移，增加稳定性、减少压重，也便于增加行走台车。基础节位于十字底梁的中心位置，用高强螺栓与十字底梁连接。基础节内可装电源总开关，其外侧可放置压重。底节位于基础节上，用高强螺栓与基础节相连。其四角主弦杆上布置有可拆卸的撑杆耳座。四根撑杆为两端焊有连接耳板的无缝钢管，上、下连接耳板用销轴分别与底节和十字底梁四角的耳板相连。当塔身传来的弯矩到达底节时，撑杆可以分担相当一部分力矩，可以减少底节的倾斜变位。这种底架构造合理，装拆和运输都很方便。固定式塔式起重机的底梁用地脚螺栓固定在地基上，中间有支点，受力条件好，故可以做得小些；而行走式塔式起重机的底梁仅在行走台车的顶部有支撑，中间没有支点，受的弯矩较大，故必须做得大一些。底梁的设计必须经过认真计算。

2. 塔身

上回转塔式起重机的塔身，通常由多个标准节组成。所谓标准节，就是一段长、宽、高都统一的塔身，这样便于制作，具有互换性。但由于塔身上、下受的风力矩、倾斜力矩、水平拉力矩不一样，压力也不一样，所以有上塔身标准节和下塔身标准节之分。一般上塔身标准节轻、下塔身标准节重，有时也把它叫加强节。

标准节主要由四根主弦杆、三个水平框架、其间有斜腹杆、上下有连接套等组成一空间结构，其中间有爬梯。主弦杆要承受压力和拉力，其合成力矩用来平衡起重力矩和附加力矩；水平腹杆和斜腹杆用于传递扭矩和水平剪力；连接螺栓传递各节之间的拉力。上回转塔式起重机的塔身，以受弯为主，受压为辅，这是其突出的结构特点。因此塔身必须结实，有足够的强度、刚度和局部失稳的储备。因为塔身很长，因压弯联合作用，对弯矩有放大效应，其放大比为 $1/(1-N/N_{cR})$，若设计不好，塔身顶部水平变形会超标，上回转塔式起重机独立式高度主要受这个变形值的限制。变形过大，摇摇晃晃，缺乏安全感。塔身截面过小，主弦内力过大，会局部失稳，或者连接螺栓容易断，连接套的焊缝容易开裂，这些都会导致倒塔，故塔身是塔式起重机的关键部件。

3. 回转塔架系统

塔式起重机的回转是借助回转机构，驱动回转上支座相对于回转下支座旋转。上、下回转支座之间有回转支承，它实际上是一个大平面轴承，能承受压力和弯矩，把滑动摩擦变为滚动摩擦。回转下支座与回转支承外圈连接，它的四个角又与塔身主弦杆连接；回转上支座与回转支承的内圈连接，其上有回转塔身、工作平台、驾驶室等；回转塔身上面接塔顶，前面是起重臂，后面是平衡臂。只要回转上支座一转，就带动上面所有部件同时回转，所以把这些部件合称为回转塔架系统。

上、下回转支座为板结构，都属于由板焊接成的复杂结构件，大体上外方内圆，上、下弦杆承受平面拉、压应力，侧板承受剪力。来自回转塔身的不平衡力矩，通过主弦杆传到回转上支座，再通过内圈连接螺栓传到回转支承，又通过外圈连接螺栓传到回转下支座，最后通过主弦杆的连接螺栓传到塔身顶部。上、下回转支座都要求刚性好，变位要小，否则难以保持连接面的平面位置，增加回转阻力，而且会使回转塔身和塔顶的腹杆产生额外的剪力，回转塔身主弦杆会产生局部弯曲，在交变状态下易发生疲劳破坏，这也是很危险的倒塔因素，要引起高度注意。

回转塔身和塔顶都是桁架式构件，通过它们把起重力矩和平衡力矩传到回转上支座。这两个力矩合成后的差叫不平衡力矩。空车状态，不平衡力矩向后倾，满载状态，不平衡力矩向前倾，所以回转塔身和塔顶受着经常变化的不平衡力矩。但它们的主弦杆内力不会受回转角度影响，这一点是与塔身受力性质不相同的。回转塔身的受力条件比塔身好，所以其截面可做得小一些。

4．起重臂

塔式起重机的起重臂有小车变幅式和动臂变幅式之分，但上回转塔式起重机，大多数是小车变幅式，故这里我们只介绍小车变幅式。

小车变幅式起重臂由多节组成，为便于做工装，各节臂两端连接尺寸相同。去掉若干节就可组成不同的臂长。但由于起重臂受力的复杂性，各节臂是不容许交换位置的，必须按规定的顺序排列。节与节之间用销轴连接起来，拆装运输都很方便。

小车变幅起重臂的横截面为等腰三角形。上弦杆、斜腹杆和水平腹杆采用无缝钢管和角钢，两根下弦杆为槽钢或方管。因为下弦杆要兼作牵引小车的运行轨道，故其表面处于同一水平面内，侧表面应处于同一铅直面内，各节之间的阶差应小于0.5mm，以减少小车行走的冲击。

小车式臂架随着小车位置的移动，最大起重量也不一样，弯矩值变化很大，加上回转侧弯和风力侧弯，主弦杆受力很大。但臂架自重不容许太大，否则自身前倾力矩太大，严重影响塔身的受力和增加前倾力矩。故小车臂架的设计要求是又要轻，又要安全，又要适应各种工况。而且起吊时不容许臂架本身变位太大，这是结构优化设计的重点。这个优化包含吊点位置优化、截面尺寸优化、主弦杆选取优化。臂架的计算，是塔式起重机结构计算的重点。一个好的设计，要经过好些次迭代计算。在计算机普及的今天，做到这一点并不难，但关键是设计人员能抓得住什么是危险工况，什么是一般性工况，而这是要有相当的实践经验和理论基础的。只要抓准几个危险工况，确保安全，其他各种工况也就自然会有保障。

5. 平衡臂

平衡臂是用来搁置平衡重、起升机构、电控柜等设施用的，它是由工字钢、槽钢、方钢管或角钢组焊而成的平面框架。其上设有走道和防护栏杆，便于人员在上面进行安装和检修作业。上回转塔机的平衡臂相对较长，约为起重臂长的 1/4 左右。全臂分为前后两节，节间用销轴连接。其根部用销轴与回转塔身相连，尾部通过平衡拉杆与塔顶相连接。平衡重搁置在尾部，起升机构也靠后方布置，电控柜靠前方。这样布置平衡效果最好，而且便于检查、维护和管理。

平衡臂的荷载是固定不变的，故其结构计算便于掌握。但是起升机构的运转是一个动荷载激振源，如果其激振频率与平衡臂的自身固有频率相接近，也会产生共振，使塔机工作不平稳。当遇到这样的情况时，平衡臂的大梁要加大，增加刚性，改变其固有频率；或通过缩短平衡臂长度，也可改变固有频率；但这时平衡重要增加；还有一个办法，是一节臂设置一个辅助的拉杆支点，平衡拉杆在中间分叉，总拉杆在分拉杆夹角平分线上，形成稳定的双吊点平衡拉杆。这种方法对改变系统固有频率最有效。

6. 顶升套架

上回转自升式塔式起重机一定要有顶升套架。顶升套架分外套架和内套架两种形式。一般整体标准节都用外套架，塔身顶升用内套架。但有的塔身到工地后，先装成整体标准节后，再顶升加节，也用外套架。故我们这里只介绍外套架，因为它最典型，最有代表性。

顶升系统主要由顶升套架、顶升作业平台和液压顶升装置组成，用来完成加高的顶升加节工作。能顶升加节是自升式塔机最大特点，这就是它能适应不同高度建筑物的主要原因。在我国自升式塔式起重机占有绝对优势。

外套架式就是套架本体套在塔身的外部。套架本体是一个空间桁架结构，其内侧布置有 16 个滚轮或滑板，顶升时滚轮或滑板沿塔身的主弦杆外侧移动，起导向支承作用。

套架的上端用螺栓与回转下支座的外伸腿连接。其前方的上半部没有焊腹杆，而是引入门框，因此其主弦必须做特殊的加强，以防止侧向局部失稳。门框内装有两根引入导轨，以便于塔身标准节的引入。顶升油缸吊装于套架后方的横梁上，下端活塞杆端有顶升扁担梁，通过扁担梁把压力传到塔身的主弦爬爪（也叫踏步）上，实现顶升作业。液压泵站固定在套架的工作平台上，操作人员在平台上操作顶升液压系统并进行作业。

顶升作业时，通过调整小车位置或吊起一个标准节作为配重的方法，尽量做到上部顶升部分的重心落在靠近油缸中心线位置，这样上面的附加力矩小，作业最安全。臂架一定要回转制动，不许风力使其回转。最忌讳的是套架前主弦压力过大，可能产生侧向局部失稳，这是很危险的，易于引发倒塔事故。顶升系统设计时还有一个重要注意事项，如果活塞杆端用球铰，一定要设置防止扁担梁外翻的装置。因为外翻可使扁担梁受到很大侧向弯矩，促使扁担梁变形过大而脱出爬爪槽，这也同样会引发倒塔事故。

7. 附着装置

附着装置是由一套附着框架、四套顶杆和三根撑杆组成，通过它们将起重机塔身的中间节段锚固在建筑物上，以增加塔身的刚度和整体稳定性。撑杆的长度可以调整，以满足塔身中心线到建筑物的距离限制。通常这个距离是 3.5～5m，但在很多工地受裙楼或别的障碍限制，这个距离太近了，做不到，就要加大附着距离，有的达到十几米。这时附着架受力性质有很大改变，受弯矩增大，受压能力降低，易于失稳。用户不可以随便打附着架，一定要请专业人员另行设计计算。

第五节 下回转塔式起重机的构造及特点

下回转塔式起重机的回转支承在塔身的下边，相应地上、下回转支座都移到下边，那么回转机构、平衡臂、起升机构、电控柜都随之移到下边，只有小车变幅机构仍然在臂架内，没有下移。下回转塔式起重机的这一突出特点使它便于检查、维护、管理和更换零部件，而且重心下移，稳定性好。固定式的下回转塔式起重机，由于顶端没有不平衡力矩，很难发生倒塔事故，是一种安全型塔式起重机。下回转塔式起重机的这些特点，理所当然地应该引起足够的重视。在下回转塔式起重机这一大类型中，又可分出下回转快装式、下回转自装式、下回转他装式、下回转小车臂架式和下回转动臂式等品种。尽管其品种型号可以多种多样，但其基本构造大体相同。整台的下回转塔式起重机仍然主要由金属结构、工作机构、电气控制系统和安全保护装置组成。某些快装式塔式起重机还有液压起降系统，整体拖运的还有拖运台车，行走式塔式起重机同样有驱动台车。下回转塔式起重机与上回转塔式起重机的主要区别在于整机的布局和金属结构不一样，工作机构、电控系统和安全保护装置相差不大。下面我们着重介绍小车臂架式下回转塔式起重机的金属结构及其特点。而其他组成部分留在后面章节与上回转塔式起重机一并介绍。

下回转塔式起重机的金属结构主要包括：底座、回转下支座、回转支承、回转上支座、平衡臂、平衡拉杆（或拉索）、塔身、顶架、起重臂、竖直撑架、水平撑架、连接拉杆、起重臂拉杆、变幅小车等部件。为便于对照，我们还是用图 2-2 所示的固定拼装式下回转塔式起重机作为典型样机，对金属结构部件进行分别介绍。

1. 底座

固定式底座由十字底梁、支架及四根撑杆组成。与上回转塔式起重机类似，十字底梁同样由一根整梁和两根半梁用螺栓连接而成。这样的构造可以使塔式起重机倾翻线外移，增加稳定性，要加行走台车也方便。与上回转所不同的是，下回转底座很低，不需要再加节，其四根撑杆直接撑在支架主弦与底梁之间，形成一个刚性很好的支承基础。底座用地脚螺栓固定在混凝土基础上，不必再加压重。由于底座很低，虽然它承受着由回转下支座传来的不平衡力矩，但变位很小，这对防止塔身的倾斜很有利。

整体拖运快装式下回转塔式起重机都是活动式底座，也叫水母式底座。它有四条悬臂伸出式的活动支腿。正是这样它的组成要复杂多了，成本要高得多，在这里不准备多介绍。

2. 回转下支座

下回转塔式起重机的回转下支座直接装在底座顶面，用连接螺栓与底座支架的四根主弦杆相连。它是一个由板焊接而成的复杂结构件，外方内圆。上下盖板之间布置有筋板，上盖板与回转支承外圈处有加强环，以保证贴合紧密。由于下回转塔式起重机不需要顶升，故回转下支座不需要设置与套架连接的伸出腿，这就简化了结构，有利于降低成本。

3. 回转上支座

下回转塔式起重机的回转上支座顶面连接塔身，后边有回转机构，并有伸出耳板直接与平衡臂相连，所以是一个由板件焊接而成的重要的复杂结构件。由平衡臂上传来的力矩，有两种方式传到回转上支座：一种是通过平衡撑杆，把力传到塔身底节，再传到回转上支座顶面，平衡臂与回转上支座之间是销轴铰接方式。这种回转上支座可以做得简单一点，靠主弦杆传递弯矩；另一种是平衡臂与回转上支座之间是双销轴固定端连接，平衡臂实际上是悬臂梁。没有平衡撑杆，根部有一个很大弯矩从侧面传给回转上支座。这种情况下，回转上支座必须做得厚，主弦必须很结实，要承受平衡臂传来的局部压力和拉力。后一种机构形式刚性更好，叫刚性连接平衡臂，但回转上支座受小车加工条件限制，不能设计得太高，否则不好加工。

4. 平衡臂

与上回转塔式起重机不同，下回转塔式起重机的平衡臂很短，只有一节。其上要放置较重的平衡重，又要搁置起升机构和电控柜，结构布置相当紧张。整个下回转塔式起重机的起重力矩，通过平衡拉杆传到平衡臂尾部，由平衡重等抵消一部分力矩后，再传递到回转上支座。所以下回转塔式起重机平衡臂受弯矩较大，刚性要好，最好主梁用桁架式结构。但带平衡撑杆的平衡臂也可用槽钢组焊主梁。

5. 平衡拉杆，是由圆钢用耳板和销轴连接起来的结构件，单纯受拉，受力简单。

6. 塔身

拼装式下回转塔式起重机的塔身，外形与上回转塔式起重机相似，都由主弦杆、腹杆组焊成空间桁架结构式的标准节，再用连接螺栓连起来。但是两者受力性质有重大差别：上回转塔式起重机塔身，以受弯为主，受压为辅，因此塔身的强度、刚度必须要有较大外形和较大的型钢才能保证，否则顶端水平位移超标，不能平稳工作；而下回转塔式起重机的塔身以受压为主，受弯为辅，起重力矩是由平衡拉杆的拉力与塔身的压力形成力偶来平衡的，这就不仅使塔身的外形可以减少，而且主弦内力也大大减小，顶部变形很小，仅仅塔身底节有较小弯曲变形，这是下回转塔机结构上的突出优点。正是这一优点，使下回转塔式起重机工作平稳、质量轻、主弦受力小、不管怎么回转交变应力很小、连接螺栓受力很小、很难断裂，连接套焊缝也不易开裂，很难发生倒塔，安全度比上回转塔式起重机高得多。相对于上回转塔式起重机而言，这是一种安全型塔式起重机。

整体拖运快装式塔式起重机的塔身，其受力性质也是以受压为主，受弯为辅。其连接方式有铰接式、内外嵌套顶升式，还有下顶升加节式。不管哪一种，因为其底架不固定，其塔身高度都不能接得很高，而构造又复杂，成本高，不便在我国大面积推广应用。

7. 顶架系统

顶架系统包括顶架、竖直撑架、水平撑架和连接拉杆。其作用是把吊臂拉杆力传到平衡拉杆上去。所有这些构件都是"铰销"连接，所有撑杆和拉杆都是二力构件，只传递拉压力，不传递弯矩。所要控制的只是拉杆的强度和压杆的临界压力，这是很容易做到的。正是依靠这样一个活动的顶架系统，在安装时可以扳起臂架，而且在必要时可以缩短平衡拉杆，以实现30°仰臂工作，增加塔式起重机的工作高度。

8. 起重臂、起重臂拉杆和变幅小车

下回转固定拼装式塔式起重机，其起重臂、起重臂拉杆和变幅小车与上回转塔式起重机没什么区别，也是由多节拼装起来，受力性能也一样。但要指出，对于双吊点长臂架，上回转塔式起重机常用的静不定双拉杆，在这里不适用，原因是下回转塔式起重机的臂架系统是几何可变的，又要考虑30°仰臂工作，静不定拉杆在这种情况下会严重改变内力的分布，怕出危险。而中间分叉的静定的双吊点拉杆，在这里却很适用，因为吊臂仰起的角度与撑杆转动的角度差不多，不会引起分拉杆内力多大的变化，就不会出危险。

对于整体拖动快速安装下回转塔式起重机，其臂节要折叠，组装要复杂一点。上回转塔式起重机也有类似的可折转臂架，不能算是下回转的特点。

以上只是以固定式安装、标准节拼装的下回转塔式起重机的结构，与上回转塔式起重机对照进行了介绍，目的在于使大家了解两类塔式起重机的不同特点、结构受力的重大差别，便于合理选用。至于下回转塔式起重机又细分多个品种，在这里就不再详细介绍了。

第六节 起升机构

塔式起重机的工作机构包括：起升机构、回转机构、小车牵引机构、台车行走驱动机构等，但一般只涉及前面的三大机构，只有行走式塔式起重机才有台车行走机构。

起升机构是塔式起重机功率最大的机构，调速范围广，重载下工作，因此也是塔式起重机工作中最难控制的机构。起升机构实际上就是一台可调速的卷扬机，其功能就是起吊物品。其主要组成部分有电机、变速箱、制动器、卷筒、底架、轴承座和安全装置等。但是塔式起重机起升机相对于普通卷扬机来说，又有其特殊的地方。其主要是起吊高度高，容绳量大；起升速度快，又要有慢就位，固调速范围大；钢丝绳要换倍率工作，在不同速度下容许的起重量不一样，所以安全保护装置比普通卷扬机复杂，又要限制起重量，又要限位。尤其是对上回转自升式塔式起重机，以上特殊要求更为突出。

为了满足塔式起重机工作的要求，人们已开发出多种多样的起升机构。每种类型各有其特点，下面我们从几个方面来介绍：

1. 起升机构的组成布置形式

从起升机构的组成布置形式来看，大体可分为Ⅱ形布置、L形布置、倒Ⅱ形布置、一字形布置。各种布置形式的示意图如下（图2-8）：

（1）Ⅱ形布置：这是最传统的布置，也是使用最多的布置形式。其优点是可以使用普通的圆柱齿轮减速机，有大批量生产供货来源，成本低，到处有卖。但其最大的缺点是电机与卷筒平行，减速机的中心距限制了卷筒的直径。对于小容绳量的卷扬机，还凑合可用，但对大容绳量的起升机构，卷筒只能做得小而长。这种起升机构，绕绳半径小，钢丝绳回弹力大，起升绳偏摆

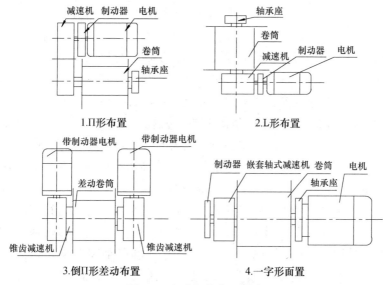

图 2-8 起升机构布置形式

角大，很容易乱绳；而且绕绳半径小，钢丝绳弯曲应力大，容易发生疲劳断裂。有的钢丝绳一次断成几节，就是疲劳脆化破坏引起的。所以这种布置方式有待改进。局部改进的办法是增加中间轴，比如说用四轴减速机，将中心距拉开，或者加大减速机的型号，比如本该用 ZQ500 的，却用 ZQ630。这样当然能解决一些问题，但是增加了成本，往往还达不到要求，并非最好的办法。

（2）L 形布置：这种布置的传动路线必须有 90°的折转。也就是卷筒轴线与电机轴线是 90°角。这样就避免了电机与卷筒的干涉，卷筒直径可以加大，做成大而短的卷筒，可以克服 II 形布置的缺点。这是 L 形布置的主要优点所在。然而，L 形布置有两大缺点：一是减速机内有一对螺旋伞齿轮，正是靠它才改变传动方向。其加工成本高，一定要靠螺旋铣齿机；电机、制动器、减速机都在卷筒的同一侧，如要卷筒对中，单边受载比较严重，对平衡臂受载不利。

43

（3）倒Π形布置：两台立式电机的轴线沿铅直方向，经过两对螺旋伞齿轮，带动水平轴旋转，该两水平轴从卷筒两端插入到卷筒内，带动行星差动减速机运动，最后由行星减速机的内齿圈带动卷筒旋转。这种起升机构的优点是结构比较对称，卷筒可以做大，再是速度变化较多，变速较平稳，可靠性好。但是它有两对螺旋伞齿轮，又有一套行星差动机构，制造要求高，装配复杂，成本较高。它适合于功率比较大的塔式起重机。

（4）一字形布置：它是由一根输入轴和输出轴嵌套的特种减速机，电机和减速机、制动器分别布置在卷筒两端，电机的伸出轴通过传动套和连接轴带动输入轴，减速后，输出轴直接带动卷筒旋转。这种布置形式比较对称，卷筒不受干涉，可以做得大而短，克服Π形布置的缺点。它的减速机可以是圆柱齿轮，也可以是行星轮，但要求输入输出轴一定能嵌套，所以一定是特殊的专用减速机。由于圆柱齿轮加工并不复杂，所以成本高不了多少。故这种起升机构有发展前途。其缺点是一字形布置，总长度较长，底架长度会超出平衡臂宽度。下回转塔式起重机，平衡臂上布局很紧张，又不必设"走台"，故用这种起升机构非常合适。

2. 从调速方式看，起升机构有以下几种：

（1）电磁离合器换挡加带涡流制动器的单速绕线式电机。这是我国应用得较早的起升机构。它的变速靠减速机来换挡改变减速比，靠涡流制动来获得慢就位速度。既然要涡流制动，只能用特性较软的绕线电机，转子串电阻，不能用特性很硬的鼠笼式电机。这种起升机构调速范围还可以，可以满足要求。但是电磁离合器使用寿命短，靠摩擦片传动不可靠，所以不敢带较大的荷载来变速，怕突然下滑出事。这就严重影响它的应用。在其他新的起升机构出来后，它就慢慢让位了。

（2）多速电机变极调速，使用普通的减速机。应塔式起重机行业要求，我国电机行业近些年来利用混合绕组理论，开发了多速变极电机，这为塔式起重机行业解决了很大的问题。最有代表性的是 YZTD 多速鼠笼式电机的开发应用。这是塔式起重机上专用的特殊电机，有双速、三速、四速，以三速应用最广泛。它的特点是启动力矩大，而冲击电流比普通电机小，主要是在转子合金铸铝上下了功夫，增加了转子电阻，这也是科研成果推广应用的结果。但是鼠笼式电机，仍然是特性偏硬，切换电流偏大，所以它在塔式起重机上的应用受到功率的限制。在目前来看，YZTD 多速电机功率不宜超过 24kW，否则就不好用。

（3）双速绕线电机带涡流制动，配普通减速机。该方案是前两种方案的组合，吸收其优点，去掉其缺点。绕线电机特性较软，是优点，但单速绕线电机，变速范围不够。用电磁离合器换挡不可靠，自然就会想到用混合绕组去换挡，这就是双速绕线电机开发的指导思想。经过电机行业技术人员的努力，解决了一些具体的矛盾，果然成功了。双速绕线电机，换挡电流冲击小，所以其功率可以加大。双速绕线电机换挡电流的冲击值，又受转子绕组阻值影响，阻值大冲击值小，这就给转子设计提出一个问题，取多大阻值既能控制切换电流，又能保证切换力矩。由于定子绕组旋转磁场的速度变化，对转子绕组的感应电势不一样，因此在不同的极数下，如何设计转子绕组的阻值就成了问题。对此有两种办法处理：一种是单滑环绕线电机，其转子绕组应用了混合绕组理论，预先埋下适当反绕线圈，增加电阻值，以调整高速下感应电势过大和电流过大，而在低速下仍然靠串外电阻来降速。这种单滑环双速绕线电机，成功地解决了切换电流过大的问题，但结构上减少了滑环数量，简化了控制系统；另一种办法是双滑环系统，不同极数下，转子各串各的电阻，而且外电阻可调，这样降低切换电流更有效，但结构复杂了，电机很长，控制系统也复杂一些。后者适用于功率较大的起升机构，比如说 45～50kW，可以应用双滑环绕线电机。

（4）电磁差动电机调速。所谓电磁差动电机，实际上是两台电机机械上串联，其中一台电机的输出轴带动另一台电机的定子绕组旋转，当第二台电机定子绕组通电时，又产生一个旋转磁场，如果两个旋转磁场方向相同，就增速；如果两者相反就减速，最后合成的旋转磁场速度才是真正的同步转速。两套定子绕组极数不相同，总有差值，比如 6 极与 8 极，转速差不很大，就可以得到低速，实现慢就位。这种调速方式理论上是成功的，也实际应用过，但是组合出来的电机太长了，不好装配，而且成本较高，推广起来比较困难。

（5）差动减速机调速。差动减速机实际上是一套行星减速机构，它由输入齿轮（中心的太阳轮）、行星轮和外边的内齿圈组成。三者之中必须给定两个参量，才能确定第三个参量。

通常的行星轮减速，由电机确定，外边的内齿圈不动，也就是转速为零，这样输出轴转速就是行星轮的公转速度。如果我们不固定外边的内齿圈，把它与卷筒相连，而把行星轮的公转速度由另一台电机带动，这样卷筒的速度就取决于两台电机的转速和相对的旋转方向了。同向相加，反向相减，形成差动。这样的组合就可形成多种输出速度，每一台电机都可以有正、反、停三个状态与另一台电机的某个状态相配。如果再采用变极调速，速度挡更多。但通常也没有必要搞这么多速度，免得控制复杂化。差动减速机调速效果好，完全满足塔式起重机起升机构的要求，但是其结构较复杂，成本较高，影响其推广应用。对于中大型塔式起重机，建议采用。

（6）调压调速。

我们知道，异步电机在每一个电压下都有一根 $M-n$ 特性曲线，也就是输出力矩和速度关系的对应曲线（图 2-9）。

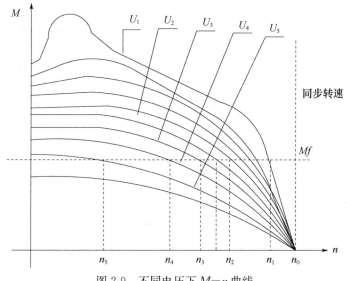

图 2-9 不同电压下 $M-n$ 曲线

当在某一外负载下，也就是 M 一定，给电机输入某个电压，就对应有一个运行转速。如此只要改变电压，也就可以调速。这就是调压调速的原理。在现代电子技术和可控硅技术发展的今天，随时改变电压是完全可能的，而且是无触点无级调压，不是老概念调压器调速，因此调压调速有一定的应用价值。然而值得指出：在塔式起重机中，起吊荷载往往是未知的，一旦电压低于某个起吊荷载容许的最低值后，电机一下子会进入反转制动状态，也就是发电机状态，重物会突然下滑，这是很危险的。为此控制系统必须不断地自动对比调整，由速度反馈信息来修正电压值，应立即升压，提高速度。然而突然下滑的威胁，使人很担心出现意外事故，所以这种起升调速方式推广起来比较困难。

（7）调频调速起升机构。

交流电机旋转磁场的速度，既取决于电机定子绕组的极数，还取决于交流电的频率。频率越高，旋转得越快。$n=60f/p$，这

里 n 是旋转磁场转速，也叫同步转速，f 是交流电频率，p 为极对数（2 个极为一对）。因此改变交流电的频率，也就可以改变速度，这就是调频调速的原理。变频调速，不需要在变速中切换绕组，所以是最平稳的调速，对电网冲击很小，是最好的交流调速方案。但是，我们所用的工业用电，频率都是 50 Hz，也就是工频，怎么去改变频率呢？在过去，这就是很难解决的问题。然而在电子技术和可控硅技术发展的今天，这就完全成为可能了。所谓可控硅，就是可以控制的半导体元件，用指令叫通就通，叫停就停。我们可用可控硅先把工频交流电整成直流电，再把直流电按我们的需要整成不同频率的交流电，这就是变频器。说起来简单，可作起来就会遇到许多问题。当重物下滑时，电机进入发电机状态，发出的电不是工频，不能返回电网。怎么办呢？只好把这一部分电能消耗掉，变成热能，这叫能耗变频方式，那就要加无感电阻，这又是一个体积较大的装置，又要增加成本。还有一个办法是再加一个变频器，把发出的电变为工频，返回电网，这叫可逆式变频调速。可逆式变频是最高级的无级调速方法，又能节能，但是要两套变频器，成本更高。只有大型塔式起重机才装这种设备。变频调速还要解决一个问题，是要有变频电机。变频电机与普通电机的差别是，变频电机要在高频和低频下工作，高频感抗压降增大，低频感抗阻值太小，这都会影响电流与电压的相位差，影响电机的功率因数。所以变频电机要尽量降低这种影响，否则效率上不去。

上面介绍的各种起升机构，各有特点。总的来说一分钱一分货，适用不同档次的塔式起重机。大型塔式起重机可选高级一点，小型塔式起重机选低一点的。像不顶升加高的塔式起重机，特别是下回转塔式起重机，没有必要把调速范围搞得太大，因为高度不大，速度太高没有多大的意义，减小调速范围可以降低成本。

3. 制动器

起升机构的制动器要求可靠耐用，因为制动性能的好坏直接影响安全和就位的准确性。我国现有的起升卷扬机，大体有以下几种制动方式：

（1）电磁抱闸，也叫电磁铁制动器。它是由弹簧力锁紧闸瓦，抱住制动轮。电磁线圈通电，弹簧压缩，松开闸瓦，让电机旋转。这种制动器是用得最广，也是卷扬机上用得最多的制动器。但是随着起重量的加大，它已经适应不了市场需求，可靠性降低，塔式起重机上已用得不多。

（2）液力推杆制动器。它是用一个很小的电液泵带动一推杆来压缩弹簧，代替上面所述电磁铁的作用，以松开闸瓦，其他部分还是抱闸结构。但是它的力量和行程比电磁铁大，所以适应范围大，现在塔式起重机起升机构上，这种液力推杆制动器应用最多，工作可靠。

（3）盘式制动器。这是一种由电磁铁控制的圆盘形端面摩擦制动器，常常装在电动机的尾部，不再要制动轮。它结构紧凑，但是制动力矩小，而且易于磨损，在垂直提升的起升机构上往往不适用，容易打滑。用在水平移动的牵引机构上尚可。

（4）锥形转子电机制动器。这是锥形转子电机特有的功能，其尾部带有一个梯形截面的制动盘。当断电时，靠弹簧力推动转子轴向移动，梯形盘斜边锥面产生制动；当通电时，电机电磁力自动压缩弹簧，使制动盘离开制动面，解除制动。它不需要另加电磁线圈，而且制动力矩比平面的盘式制动器好。小的起升机构，或用蜗轮蜗杆减速机的卷扬机构，都可采用此种电机。

4. 联轴器。

在起升机构上，有输入联轴器和输出联轴器两种不同形式，分别接在减速机的输入轴和输出轴上。

（1）输入联轴器转速高，传递的力矩较小，但启动时常受冲击，所以也必须有足够的强度。通常用的有弹性柱销式联轴器，这种联轴器简单，用得也多，但出毛病也多，主要是弹性橡胶圈很易损坏；在起升机构里现在用得较多的是梅花形联轴器，它是由两个联轴节里嵌入尼龙材料的一个梅花形传动块，既能受冲击，也没有多大的声响，是取代弹性联轴器的一个好的传动件。

（2）输出联轴器，它转速低，传动的力矩大。在起升机构里常用的有齿轮联轴器，它是由内外齿轮相嵌套来传递力矩，又能略微调节轴线方位角，它的应用较普遍。另一种是十字滑块联轴器，它是在两个联轴节之间加一个盘式十字滑块，既传递力矩，又吸收微小的不同心。这种联轴节在老式起升卷扬机中用得多，但现在慢慢用得少了。对于小功率卷扬机，也有直接由轴孔相套、平键或花键传力输出的，就不必再加输出联轴器。但是对卷筒另一端轴承座的调整要求较高，需要细心装配。

第七节　回转机构

塔式起重机是靠起重臂回转来保障其工作覆盖面的。回转运动的产生是通过上、下回转支座分别装在回转支承的内外圈上，并由回转机构驱动小齿轮，小齿轮与回转支承的大齿圈啮合，带动回转上支座相对于下支座运动。

回转支承相当一个既承受正压力、又承受弯矩的大平面轴承，由专业制造厂生产。每种回转支承承受正压力和力矩的能力，都有图表可查，当然设计时要留足够的安全系数。而回转机构是要提供足够的动力，推动回转上支座及其以上所有零部件进行回转。由于塔式起重机回转惯性很大，回转启（制）动时往往会有惯性冲击。为了保证回转平稳，回转机构工作特性要软，回转加速度一定要小。通常回转机构由回转电动机、液力耦合器、回转制动器、回转减速机和小齿轮等组成。其大体构造参见

图 2-10。本节我们着重介绍回转机构：

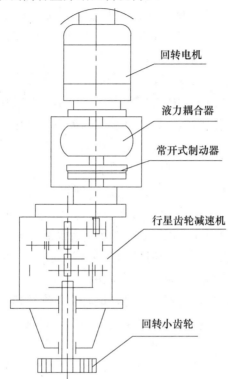

回转电机

液力耦合器

常开式制动器

行星齿轮减速机

回转小齿轮

图 2-10 回转机构示意图

1. 回转电机和调速性能

现代塔式起重机的回转调速，主要就靠电机调速。至今为止，回转电机调速的办法大体有以下几种方式：

（1）多速鼠笼电机变极调速。这种方式早期的小型塔式起重机用得较多，用得尚可。它成本低，操作也简单。但是鼠笼式电机特性太硬，启动力矩大，故启动和换挡时加速度大，难免突然抖动，所以必须靠液力耦合器来缓冲。

（2）绕线式电机串电阻调速，大一点的塔式起重机还加上涡流制动器。这种调速方式是目前我国应用最广泛的回转调速方式。特性较软、冲击也较小、调速范围较大，但成本比鼠笼式要高。小型塔式起重机可不加涡流制动器，也可使用，以降低成本。但不加涡流制动器的回转机构，停车时惯性溜车时间较长，这是缺点。

（3）电磁滑差无级调速。由鼠笼电机带动一个电磁滑差机构的铁芯旋转，其内有一个直流线圈产生一个定向磁场，铁芯切割磁力线会遇到制动阻力，改变直流电的大小，磁场变化，阻力矩也会随之改变，从而可以调整输出转速，但断电后惯性溜车难以控制，所以推广应用仍遇到一定困难。

（4）降压无级调速。降压调速原理在起升机构一节已介绍过，电压降低，电动机输出力矩就小，转速就降低。但要停车时，仍无法控制惯性力矩引起的溜车，所以推广应用也有困难。

（5）变频无级调速。启动时用低频，启动速度慢，冲击力小，一步步加大频率，回转步步加快，很少有冲击。要停车时，先一下切换到低频，但不要断电，这时惯性旋转速度会超过低频旋转磁场速度，电动机会产生发电机的制动效应，使回转机构较快停车，最后再断电。如停车时一步步打回低频，不仅没制动效果，而且可能会产生振摆，因为惯性转速与变频旋转磁场转速不相适应，电机时而处于电动机状态，时而处于发电机状态，就会振动。照理说变频调速是最好的，但处理得不好，停车效果并不会好。

回转与起升不同的是：回转一定要处理好惯性溜车问题。起升可以急刹车，回转不能急刹车。为了阻止惯性溜车，一般用涡流制动器，因为它只会产生阻力矩，而且阻力矩大小与转速是正比关系，当转速为零，阻力矩也就没有了。但加涡流制动器总要增加成本，对小型塔式起重机不好办，建议在定子绕组里人为加一个直流电，可起制动效应。而且用时间继电器定时切除直流电。或者使用点动按钮，人为控制直流电加入绕组的时间也可。

2. 液力耦合器

液力耦合器是由合金铝制作的泵轮和涡轮组成，中间灌注液压油，它属于软连接动力式的液力传动装置。它的作用主要有两个方面：其一是软化传动特性，使输入和输出之间有微小的转差。这样电机启动力矩不至于一下子输入到减速机，产生过大的冲击；其二是当有两台回转机构同时并联工作时，可以协调其负载平衡，不至于转得快的负载很大，转得慢的负载就小。因为有了液力耦合器，负载大的转得可以变得慢些，负载小的转得可以变得快一点，就平衡了。但若转速过低，液力耦合器效率就很低，有时甚至不会动。所以对调频电机，就不要再加液力耦合器，以免低速下带不起来。

3. 回转制动器。

回转机构的制动器是常开式，也就是通电时制动。一般在回转过程中，是绝对不许使用回转制动器减速制动的，因为那样会增加塔身扭摆。只有臂架回转运动停下来之后，如果要定点下放或提升重物，又怕风力吹动臂架，就可以打回转制动。回转制动还有一个用处，就是上回转塔式起重机顶升时，必须保证臂架在正前方，不许偏转，要打上回转制动。此工作完成后，一定要打开制动器。

4. 回转减速机

回转减速机是回转机构的关键组成部分，它既要减速，又要承受小齿轮轴传来的集中反力，这个反力简化到减速机中心，是又弯又扭。由于塔式起重机回转惯性冲击很大，臂架越长回转惯性冲击就越严重，故反力也大。弯矩过大容易打坏轴承，或压裂机壳，扭矩过大容易打坏齿轮。回转机构的安装要求很紧凑，所以只好用专用减速机。塔式起重机回转速度都在 $0.4 \sim 0.8 \mathrm{r/min}$ 的范围内，所以回转减速机减速比很大，常常是 $1 : 140 \sim 1 : 280$ 的范围之内。这样大的减速比只能多级减速。早期采用 2 级减速的摆线针轮较多。但它受不了大的弯矩和扭矩冲击，损坏较严重，用到小型塔式起重机上还可以。现在的塔式起重机，都用行星齿轮减速机，而且是多级减速，输出轴为双轴承，机座伸得较长，抗弯能力也较好，可靠性大大增加。但是有些简易塔式起重机，为了降低成本，还有用蜗轮蜗杆减速机的。由于蜗轮蜗杆的自锁性，在不工作时它不能自由回转，就会增加额外的风荷载，所以这是不合适的，一般不宜选用。

第八节　变幅机构

1. 小车变幅机构

现代塔式起重机绝大多数都采用小车臂架的形式来实现变幅。也就是由小车变幅机构牵引载重小车，在臂架上往复运动，以实现吊钩和重物工作幅度的改变。所以变幅机构也叫牵引机构。

小车变幅是一种水平移动，移动的对象为小车、吊钩和重物。水平移动的功率消耗不太大，而且变幅惯性力远不及回转惯性那么大，故小车变幅机构是比较小的一个机构。它通常装在臂架里面，由电机、减速机、制动器、卷筒和机架组成。但对于蜗轮蜗杆减速机，由于其自锁性，断电后能自动停车，不会过多溜车，故也可以不再加制动器。

（1）小车变幅机构的构造形式

现有塔式起重机的变幅机构，构造形式较多，同样有Ⅱ形布置、立式 L 形布置、一字形布置、减速机内置式、机电合一的电动卷筒等，示意图可参见图 2-11。

①Ⅱ形布置：这是早期的布置形式，减速机为普通蜗轮蜗杆，电机通过皮带轮减速后再输入减速机，可降低蜗轮蜗杆输入转速，减少磨损和发热。机构应用得还可以，但要经常换皮带。故现在也用得不多了。

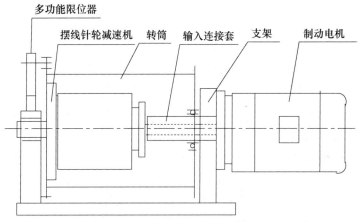

图 2-11 小车变幅机构示意图

② 立式 L 形布置：立式电机直联在蜗轮蜗杆减速机上，可不带制动器，结构很紧凑，但输入转速较高，对蜗轮蜗杆磨损不利，好在水平移动负载不重，应用得还比较好。

③ 一字形布置：电机、减速机、卷筒和轴承座在一直线上。电机尾部带盘式制动器，或用锥形转子电机。减速机往往是摆线针轮或行星齿轮减速机。该结构传动效率高，磨损小，用得也较多，电机尾部悬出臂架外。

④ 减速机内置式：其构造属于一字形，但把减速机置于卷筒内部，夹住减速机输出轴，而让机壳带动卷筒旋转。电机尾部带制动盘，其伸出轴通过一传动套带动减速机的输入轴，套外有轴承支承卷筒并支于轴承座上。轴承座带法兰盘，可直联电机。这种机构结构很紧凑，效率高，应用也越来越多。但装配比前一种复杂，有两个轴承比较大一点。

⑤ 机电合一的电动卷筒：这是将减速机的传动齿轮和电机的定子、转子绕组都装在卷筒内，外边仅留接线盒和制动盒，结构上非常紧凑。但是加工制作比较复杂，因为电机铁芯往往只有电机厂才有，而齿轮是机械厂的产品，两者合在一起，必

须要有较好的装配管理能力才行。这种产品只适合专用，通用
性较差。

（2）小车变幅机构的调速

对于小型塔式起重机来说，由于臂架不很长，速度不必太
高，小车变幅调速问题并不突出。但随着塔式起重机臂长的增
加，变幅速度也要求越来越高，为了减少重物摆动，调速问题也
就变得越来越重要了。由于变幅机构功率较小，在调速问题上没
有起升机构那么多文章可作，现有的调速方式大体有：

① 变极调速：多采用双速鼠笼式电机。比如说 4/8 极双速电
机，低速 25m/min，高速可达 50m/min，这也就够了。小电机再
增加速度挡很困难，而且每增加一挡，电控也要复杂化，成本增
加。变幅不需要慢就位，用双速电机也就够了。

② 变频无级调速：变幅机构功率不太大，电流小，所以变频
器并不太贵。而且变幅调速不像起升机构那样有很低的慢就位速
度，调速范围不必很大。变幅运动惯性力也不很大，停车可以制
动，不像下放那样有发电机效应，也不像回转那样停车时有发电
机效应，这就不必考虑能耗制动问题，所以实现变频调速比较容
易。凡要求变幅速度超过 50m/min 以上的塔式起重机，与其去搞
三级变速，不如就采用变频调速。因为三级变极调速，在电机和
电控上花的钱不一定比无级变频调速省多少。

2. 动臂变幅机构

动臂变幅机构是早期产品，现在已用得不多了。但是在大起
重量的安装工程，以及对幅度有严格限制的地方还要用，包括对
某些国家和地区出口的塔式起重机，也需要动臂变幅塔式起
重机。

动臂变幅时，不仅幅度要变，重物高度和吊臂的重心也要
变。这就不只是阻力问题，还必须进行受力分析。

图 2-12 是动臂变幅受力分析图。按照起吊曲线，先找到吊最

大起重量时的最大幅度，计算出一个吊臂仰角 α。这时的主要荷载有吊重 Q_{max}、钩自重 $G_{钩}$ 和臂架自重 $G_{臂}$。当然你要愿意加点动态系数也可，加点风荷载也可，但那都是无关要紧的，不影响大局。为了说明问题简单一些，我们先不加，以后再乘一个放大修正系数就可。

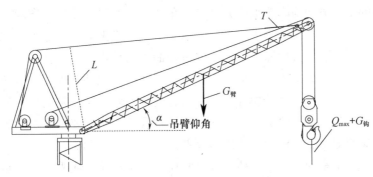

图 2-12　动臂变幅受力分析图

动臂变幅的牵引机构，实际上就是一台卷扬机。其构造类似于起升机构，但其制动要求很高，要绝对可靠。而且希望用双卷筒牵引，以便于加保险绳。否则一旦牵引绳断裂，吊臂会掉下来，随着平衡臂和平衡重的后倾，会出现倒塔。所以上回转自升式塔式起重机，用动臂式不是好的结构形式，安全保障差，会增加倒塔危险。但下回转塔式起重机用动臂式情况就好得多，因为即使吊臂掉下来也不一定会倒塔，这是要引起高度重视的。

第九节　塔式起重机行走机构

塔式起重机是高耸的机械设备，为此防止倾倒是非常重要的，故其行走只能在水平轨道上。

塔式起重机行走机构的驱动方式分为集中驱动和分别驱动两大类。集中驱动是由一台电动机带动两组主动轮，使塔式起重机在轨道上行走。它又分为单边驱动和双边驱动。单边驱动的主动轮布置在轨道的同一侧，从动轮在另一侧，这对弯曲轨道行走有利；双边驱动的主动轮分布在轨道的两侧，对称布置，这适合于直线轨道运行。不管是单边驱动还是双边驱动，减速机的输出轴总得两根较长的传动轴，然后再带动车轮。而且单边驱动时输出轴的轴线方向与车轮轴线方向是直角相交，所以传动轴与车轮之间还要加一对螺旋伞齿轮，这要增加成本，换来的好处是可以拐弯。双边驱动虽然简单一点，但对弯曲轨道适应性差，拐弯时轨道侧压力很大。集中驱动的优点在于只要一套驱动装置，而且布置在台车上方，便于检查，两主动轮同步性好；缺点是输出轴后还要另加传动装置，而且对塔式起重机底架的刚性要求高，因为底架变形会影响传动轴的传动效果。

分别驱动是一台驱动机构只驱动一个主动轮，或驱动一个角上的台车。两台驱动机构可以布在单边、双边或对角线上，以适应不同轨道的要求，比较灵活机动。尽管分别驱动增加了一套驱动机构，但应用越来越广泛。

塔式起重机大车行走时，惯性力很大，而且重心又高，因此绝对不容许紧急制动，不然有倒塔的危险。还有启动特性也要软，要有缓冲传动装置。

对于分别驱动，为保证两套驱动机构工作的协调，也必须用液力耦合器来调整微小的转速差。正像两台回转机构一样，要让负载大的走得慢点，负载小的走得快点。液力耦合器同时也能起缓冲作用，软化启动特性。

根据大车行走机构的以上工作特点，它的组成一般包括：电动机、液力耦合器、减速箱、输出齿轮和主动行走轮。当然这些组件要靠机架有机地结合为一体。值得指出：大车行走不许紧急制动，因此在设置制动器问题上就要很慎重。如果是蜗轮蜗杆减速机，就不必设制动器，自然会产生阻尼停车；如果是齿轮减速机,也不宜设抱闸,用盘式制动器就可,而且要调松,让制动力矩小一些,产生阻尼制动就可。或者是把制动电磁线圈电压降低,先用低电压,低制动力,8～9s后再用全制动。千万不要像普通卷扬机那样去设制动器。那么,非工作状态下怎么固定住塔式起重机呢?实际上非工作状态不靠制动器,而是靠专用的夹轨器使塔式起重机固定住,不让风吹走。大车吹走是危险的事,到轨道末端很容易引起倒塔事故。同样操作大车行走时,要提早停车,要留有溜车距离,正像臂架回转一样,不许紧急停车制动。

第十节　液压顶升装置

对于上回转自升式塔式起重机或者内爬式塔式起重机,都要有液压顶升装置。它配合爬升套架一起,完成自升功能或内爬功能。在本节我们以自升式塔式起重机的顶升加节为代表来说明这一问题。

1. 塔式起重机液压系统

塔式起重机的顶升乃至某些下回转快速安装塔式起重机的竖塔,为什么用液压系统,而不用机械传动系统呢?那是因为液压传动有它独特的优点。这些优点主要表现在:

(1)液压传动能无级调速,运转平稳,而且可以通过换向阀随时改变油液进去的方向,没有什么大的冲击。

(2)液压传动易于实现直线往复运动,特别适合于顶升和"起扳"。各液压元件之间只要用管路连接起来就可,便于通用化和标准化,便于组织大批量生产,以降低成本和提高质量。其输出端能随机械的需要而自由地安装,不受限制,便于机器的总体布置。

(3)结构紧凑,质量轻,而且液压油本身有一定的吸振能力,因此工作平稳。液压系统的惯性小、启动快,易于实现无冲击地变速和换向。

（4）液压传动工作介质本身就是润滑油，各元件自行润滑，工作噪声小，可以减轻工人的劳动强度。

但是，液压系统也有其缺点。最主要的是液压元件都是精密件，要求很高，微小的制作偏差或密封材料不过关，就会引起渗漏和失压，油内的污染杂质可堵塞小孔，都会使工作系统失效。管道破裂时，高压油射出来也可以伤人，所以使用液压系统仍需高度注意。

2. 液压系统的工作原理

液压系统传动的主要工作原理是：受压液体介质，只传递压强，而其力的方向总是与液体的界面垂直。我们知道：作用在一个面上的力，等于其面积与压强的乘积。只要我们能设法提高液体的内压强，再把活塞面做得足够大，我们就可以在活塞上获得相当大的压力，这就是液压缸的作用。而增加压强，我们可以用小活塞去实现。每个小活塞受的力不大，但要足够快的运动速度，才能获得足够的高压介质的流量，这就是液压泵的作用。

3. 典型的液压顶升系统分析

液压顶升装置，其功能只是起一个把几十吨重的塔式起重机上部结构向上顶起来的作用，本身并不复杂。然而用在塔式起重机上要保障安全，却对它有一些特别的要求。对顶升系统，除了满足最大起重量和升降速度要求外，尚需满足调速性能好、换向冲击小、升降平稳、无爬行、切断油路时无缓慢下降现象。图 2-13 是个典型的液压顶升系统图，我们不妨就结合该图来说明液压顶升系统的组成和元件的功能。

（1）系统的动力源是一台电机带动的一个油泵，两者装在油箱之上。电机就用普通的鼠笼式电机即可，因为它无需调速和制动。泵按压力高低的不同，可以是叶片泵、齿轮泵和柱塞泵，以叶片泵压力最低，柱塞泵压力最高，用得最多的是齿轮泵，压力正处于中高位。

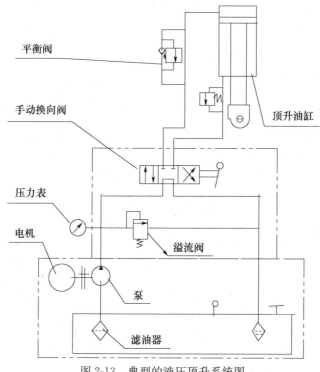

平衡阀

手动换向阀

顶升油缸

压力表

电机

溢流阀

泵

滤油器

图 2-13　典型的液压顶升系统图

（2）液压油从油箱经过泵加压以后，首先要布置一个压力表显示压力，同时也要有个溢流阀来控制系统最高压力。溢流阀也叫安全阀，它有一个辅助接口，使阀芯能在高压油推动下移动，从而接通主通道，使压力油直接回油箱。产生溢流压力的大小由人为调节，这样就可保护泵不至于在过高的压力下工作。

（3）换向控制阀。在顶升回路里，换向阀一般采用三位四通的手动换向阀。顶升液压缸是双向可逆的，其中没有活塞杆的一端叫油缸大腔，有活塞杆的一端叫小腔。所谓三位，是指换向阀有三个操作位置，即：中间位、顶升位、回缩位。当处于中间位时，进油口与回油口直通，高压油直接回油箱，活塞不动作。当打入顶升位时，进油口通油缸大腔，回油口接小腔，油缸活塞杆慢慢伸出，实现顶升作业。当打入回缩位置时，进油口通小腔，回油口接大腔，这时活塞杆回缩。

（4）平衡阀。在实际顶升作业中，为了保障油缸工作的平稳，无论大腔或小腔，回油口是不能直接通油箱的，回油速度也要受到压力控制，这就是所谓背压。为什么回油压力要控制呢？因为活塞在某个速度下，大腔和小腔排油量是不相同的，如果油液自由排出，会造成压力的随便升降，活塞两侧受力就不稳定，活塞杆工作就不稳定。平衡阀就是用来控制排油压力的。只有在某一压力下，平衡阀才能打开，开始排油，不达压力就关闭，就不会排油，这样作用在活塞两侧的压力就稳定了，油缸的工作也就平稳了。有了平衡阀，还可以避免下降时可能产生的超速现象，即使换向阀打到中位，塔式起重机上部可在空中停留一段时间保持不动。平衡阀最好与油缸直连，不再设管，这样，即使进油口压力油管坡裂，有平衡阀锁住回油腔，也不至于有油缸突然回缩的危险。

（5）过滤网。液压系统是最怕小孔堵塞的，因为小孔堵塞会导致功能失常，从而使系统出故障。为此液压油要求非常清洁，不含杂质。为此，在回油口要设过滤网，以吸附油内杂质。过滤网还要经常清洗，把网上杂质清除干净。

第三章 塔式起重机的主要危险因素及安全保护装置

第一节 塔式起重机的主要危险因素

塔式起重机是高空作业设备，本身又高，覆盖面又广，臂架活动区域往往伸到非施工面范围，加上操作人员和安装人员常常在高空作业，所以安全要求很高。那么，在塔式起重机工作现场，到底有哪些主要危险因素呢？概括地说，塔式起重机工作现场，主要存在以下危险因素：

1. 倒塔的危险

发生倒塔的最根本的原因是失去力矩平衡。塔式起重机是用来起重的，不难理解，当它起吊重物时，它总是向前倾，这个向前倾倒的力矩就是倾翻力矩，而阻止塔式起重机倾翻的力矩叫平衡力矩。塔式起重机正常工作时，倾翻力矩总是小于平衡力矩，一旦倾翻力矩大于平衡力矩时，就会发生倒塔。因此，要想不出现倒塔现象，就要防止倾翻力矩大于平衡力矩。产生倾翻力矩的因素当然首先是起重力矩，但除此以外，向前吹的风力矩，塔式起重机本身的倾斜力矩，吊索向外的斜拉力矩都会增加倾翻力矩，所以在大风天气不准强行起吊，塔身安装要垂直，不许斜拉起吊，更重要的是不许超力矩起吊。平衡力矩主要来自平衡重、底架压重和地基的"支反力"，所以平衡重或压重偏小、基础不牢、地基下沉等，都有引起倒塔的危险。这是用户千万要注意的。在安装和行走过程中，还有一些失去平衡的因素，留待事故分析章节再介绍。

2. 超重的危险

起吊超重主要有两方面损害，首先是造成电机过载，容易烧坏电机；另一方面，高速超载容易造成重物突然下坠，若处理不当，会引发重大事故。我们知道：若低速超载，重物就吊不起来，电机"闷车"，嗡嗡叫，如不及时停车，就会烧电机；但对于高速挡超载，开始用低速挡和中速挡都能吊起来，吊到一定高度后，若切入高速，由于力矩不够就会反转下坠，这就有可能引发重大事故，所以超重也是危险因素。

3. 冲顶的危险

所谓冲顶，就是吊钩已经升到极限位置，吊钩滑轮已经碰到小车架，这时钢丝绳张力急剧增加，有可能电机带不动而"闷车"，或者是烧坏电机。最坏的情况是钢丝绳绞断使重物下坠，引发大的事故。

4. 超工作幅度

当变幅小车行走到臂架端部时，为了防止小车脱轨，臂架外伸端和根部均设有阻车碰块。但正常使用，并不希望小车与碰块碰撞，也就是不准超幅度工作。因为小车的动力是变幅钢丝绳，如发生碰撞，对钢丝绳和变幅机构都会造成损坏。

5. 小车或吊钩下坠危险

小车脱轨下坠，或单边下坠，都是很危险的事。其主要是单边负载太重，引起断轴或轮轴窜位，应引起重视，注意设法防止；吊钩下坠主要由于变换倍率时卡块不到位而引起，同样应当设法防止。

6. 小车向外溜车的危险

小车在重载下，有往外溜车趋势，这主要是因为臂架预留的上仰角不够；或者是变幅机构制动不灵；或者是牵引绳突然断裂。重载下向外溜车，会大大增加起重力矩，有可能引发倒塔事故，所以也是一种事故隐患。

7. 液化顶升横梁与爬爪搭接不到位

液压顶升横梁与爬爪搭接不到位，在顶升时有发生脱落的危险。

以上仅仅只列出了塔式起重机最常见的危险因素，但各种意外因素和人为因素还有不少，不可能在此一一列举，重要的是，不管是操作人员，还是管理人员，要了解塔式起重机的特殊性和危险性，小心谨慎，搞好使用、维护、操作和管理。

第二节　塔式起重机的安全保护装置

前面我们已介绍了塔式起重机的一些危险因素，这些危险因素，单靠操作人员去防止，是防不胜防的。因此，在塔式起重机上，就设置了一些自动的安全保护装置。在塔式起重机使用中，用户应该保证这些安全保护装置正常发挥作用。任何忽视安全机构的做法都有可能引起重大事故和损失。现在让我们分别介绍这些安全装置的机理和作用。

1. 起重力矩限制器

起重力矩限制器是用来限制塔式起重机的起重力矩的。在塔式起重机型号介绍中我们已经讲过，塔式起重机的型号是以其主参数起重力矩来划分的。一台塔式起重机的额定起重力矩是以其基本臂长（m）和相应起重量（t）的乘积来定义的。所以起重力矩是最重要的主参数，超力矩起重是最危险的事情，弄得不好，会导致机毁人亡。故塔式起重机上必须设力矩限制器，使其接近危险工况就报警或断电，不容许塔式起重机超力矩使用。

但是，对力矩限制器不重视、不理解的事常有发生，往往导致严重后果。曾经有这么一个工地，他们买了一台较小的塔式起重机，在安装好后，厂方帮他们调好了安全机构，一切工作正常，施工单位在产品移交文件上签了字。可是后来用这台塔式起重机吊水泥罐浇混凝土，在臂端起吊时，刚好超一点力矩，就会报警停电。于是工地上认为力矩限制器碍事，就把它短路掉。用了一个多月也没事，他们更认为没什么了不得。可是有一天大清早忙于加班，雾茫茫看不清，吊钩钩住别的东西也不知道，就一个劲起吊，最后把塔帽拉弯了，臂架下斜了才发现。好危险！幸好没造成倒塔。工地开始怪塔帽强度不够，不认为自己有什么过错。后经多方论证提问，为什么强度不够在开始那么长时间没有表现？而是突然拉弯？而且出事故时没有报警？工地后来才承认把力矩限制器短路了。此次违章没造成大事，但也误了好几天工才修复。驾驶员没有受伤，但教训是深刻的。类似事件常有发生，值得引起高度注意。

力矩限制器的构造有多种，但现在用得最多的是机械式力矩限制器。机械式力矩限制器反应很直接，不必经过中间量的换算，所以灵敏度可以满足应用要求，也不很娇气，这也是它能得以推广应用的主要原因。

上回转塔式起重机的力矩限制器一般装在塔帽或回转塔身的主弦杆上。其构造是两块弓形板相对，形成一个菱形，如图 3-1所示。菱形的长对角线两端有两块连接板，可以直接焊到主弦杆上；短对角线方向，有一对支板，分别安装有限位开关和触动头的调节螺栓。菱形边与长对角线夹角很小，见图 3-1 中 θ 角。当塔式起重机起吊时，主弦杆的应变与轴向力是正比关系，力矩制器所覆盖的一段主弦，其变位 $\triangle y$ 与起重力矩是是正比关系。但是主弦很刚硬，这个变位 $\triangle y$ 很小，直接用它来带动限位开关触头是不灵敏的。可是在菱形变位时，短对角线长度也会变。

$\Delta x = L \cdot d\sin\theta/d\theta \cdot \Delta\theta = L \cdot \cos\theta \cdot \Delta\theta$，而 $\Delta y = L d\cos\theta/d\theta \cdot \Delta\theta = L \cdot \sin\theta \cdot \Delta\theta$，$\Delta x/\Delta y = ctg\theta$，$\Delta x = ctg\theta \cdot \Delta y$，当 θ 接近于 0 时，$ctg\theta$ 是很大的，所以微小的 Δy，可以引起一个较大的 Δx 值，这个变位值足可以用来带动限位开关的触动板。从上面这个

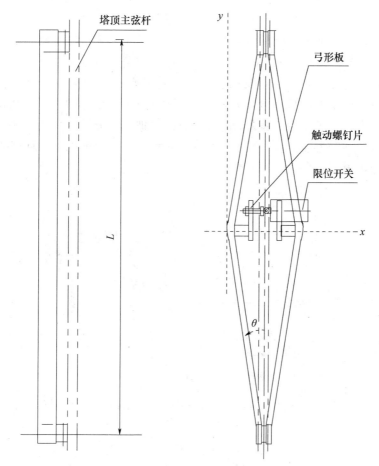

图 3-1 弓形板式力矩限制器

分析可以看出，Δx 与 Δy 不是正比关系，而是非线性关系。也就是说 Δx 与起重力矩也不是正比关系。但是对于只关心限制值，并不关心全行程变化规律来说，这是没有什么关系的。不过对于力矩显示器，这条非线性曲线应当用近似办法加以处理。这个处理并不难，所以应当尽可能推广力矩显示器，因为这可以使操作人员随时做到心中有数。

下回转塔式起重机的力矩限制器装在平衡拉杆上。我们已经介绍过，下回转塔式起重机的起重力矩是靠平衡拉杆受拉和塔身受压构成力偶来平衡的。所以平衡拉杆的拉力与起重力矩是正比关系。这就好办了，我们就只要限制平衡拉杆的拉力值就可以了。这就类似起重量限制器。但是平衡拉杆受的拉力是很大的，拉力计一般受不了那么大的力，所以要把拉力分流，只让一部分力传到测力计上去。图 3-2 为一种下回转塔式起重机用的杠杆式力矩限制器。它装在平衡拉杆下端。

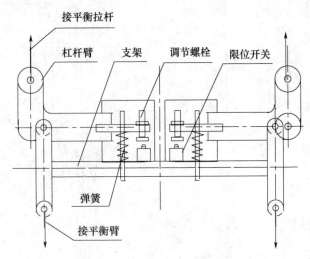

图 3-2　下回转杠杆式力矩限制器

从图 3-2 中可以看出，平衡拉杆拉力经过杠杆作用换算以后，在压力弹簧上产生一个压力，弹簧的变位与压力是正比关系。理想状态：$P_平 \cdot \Delta y_平 = P_弹 \cdot \Delta y_弹$，$P_平 / P_弹 = \Delta y_弹 / \Delta y_平 = i_{杠杆}$，$i_{杠杆}$就是我们所说的杠杆比。比如说取 $i_{杠杆} = 10$，当 $P_平 = 10\text{t}$ 时，$P_弹 = 1\text{t}$。我们可以这样设计弹簧刚度，取 $K_弹 = 100\text{kg/mm}$，于是 $\Delta y_弹 = P_弹 / K_弹 = 10\text{mm}$。有了 10mm 的位移量，足可带动限位开关的触片，而且是线性关系。当然实际上支点处有摩擦阻力，并非理想状态，但我们只要选用滑动轴承，加上销轴上设有注油嘴，这样的力矩限制器就可以应用。

有不少人总以为力矩值反正是幅度乘起重量，所以认为反正塔式起重机有起重量限制，又有幅度限制，力矩自然也限制了，所以不重视力矩限制，这是很错误的认识。实际起重量限制器只限制最大起重量，或者更确切地说限制钢丝绳张力，所以与起升倍率有关。起重量限制不了力矩。在小幅度下超起重量不一定超力矩，而在大幅度下超力矩时远远不会达到最大起重量。这两者的功用不同。有的人在那里研究力矩显示器，把注意力放在质量显示和幅度显示上，他们以为只要测出了起重量，又测出了工作幅度，把两个数值输入一个乘法器，自然力矩就出来了。这种思路是有道理的，但这种人缺乏实践经验，缺乏对塔式起重机的了解。实际上塔式起重机的起重力矩不是两个数据的简单相乘，而是与其额定起重力矩以及小车加吊钩的质量有关。额定起重力矩的名义值是基本臂长幅度下乘以其相应的起重量。比如 80tm 塔式起重机，应该是 35m 幅度处吊 2.29t。$35 \times 2.29 = 80.15$。但是塔式起重机起重力矩是额定值，并不表示在任何工作幅度下，$Q \cdot R =$ 常数。实际上的吊重荷载（不含自重荷载）还应包括小车加吊钩的质量，因为这个附加质量的幅度值是变的，不能算在自重负荷之内。假如记小车加吊钩质量为 $G_6 = 140 \mathrm{kg}$，此时真正的吊重力矩是：$Me = (Q + G_6) \cdot Re = (2290 + 140) \times 35 = 85050 \mathrm{kg} \cdot \mathrm{m}$。真正吊重力矩比名义力矩大。这是吊具重 G_6 在起作用。而且幅度越大，吊具影响也就越大。真正的起重曲线是：

$$Q = Me/R - G_6 \tag{3-1}$$

因为 $Me = (M + G_6) \cdot Re$，M 是定义上的额定力矩，所以真正受到控制的力矩是所定义的力矩 M。$M = (Q + G_6) \cdot R - G_6 \cdot Re$，它与真正吊重力矩 Me 相差一个常数值 $G_6 \cdot Re$，或者写成为：

$$M = Q \cdot R + G_6 \cdot (R - Re) \qquad (3\text{-}2)$$

式中 Re 为基本臂幅度值，$80t \cdot m$ 塔式起重机，$Re=35m$。当 $R > Re$ 时，定义起重力矩值比 $Q \cdot R$ 要大，当 $R < Re$ 时，名义起重力矩比 $Q \cdot R$ 要小，只有 $R = Re$ 时，名义起重力矩才等于 $Q \cdot Re$。

如此看来，你若先测得 Q 和 R，再计算起重力矩必须用（3-2）式，而不能是简单相乘。这样你测量 Q 时有个误差，测 R 时又有一个误差，再经（3-2）式的运算，你的误差就更大了。所以很难比得上直接用力矩传感器测量。像前面介绍的测量位移值 Δy，乘一个系数就是力矩了，不必走那么多的弯路。

2. 起重量限制器

起重量限制器是限制起重量的。其作用一是保护电机，不至于让电机过多超载；再一方面是给出信号，及时切换电机的极数，不至于发生高速挡吊重载，防止起升机构出现反转溜车事故。起重量限制器同样也是一个很重要的安全保护装置。

我们知道：异步电机启不动时，其转差率 $\varepsilon=1$，此时电机负荷很大，电流很大，发热现象特别严重，发出嗡嗡的响声。一台电机如果处于这种状态的机会太多，绝缘就很容易破坏，电机很容易烧毁。塔式起重机的机构多在高空，烧坏一台电机，更换起来是很费事的。所以工地上对保护电机是很值得引起重视的。另一方面，塔式起重机的起升机构，多为变极调速，所用的电机多为变极多速电机。这种电机设计时往往是低速段取恒力矩，高速段取恒功率。也就是说中速和高速下功率相等，中速重载，高速轻载。比如 4/8 极组合，4 极同步转速 $1500r/min$，8 极同步转速是 $750r/min$，如果 8 极能吊 4t，4 极就只能吊 2t。当你吊一件物品，你开始并不知道是多重，例如说是 3.2t 重，你用 8 极吊起来了，你还想快一点，就打高速，显然超载了。这时就有发生反转下溜的危险。但如果你有 4 极的起重量限制器，它就会自动给你切断高速，打回 8 极中速，并没有什么危险。但如果你没有调好起重量限制器，那就要看司机会不会处理了。有经验的司机明白，高速下滑赶紧打回中速，中速下滑就打到低速，就不会有危险。然而没有经验的司机，就不一定处理得好，就会出事故。某工地有位司机，起吊一个不知质量的物体，起重量限制器没有调好。他开始用低速吊起来了，慢慢加大速度挡。到第四挡，发现重物缓慢下滑，他凭直觉，认为是速度不够才下滑的，以为加快提升速度就不会下滑了，于是将速度打到 5 挡。5 挡是 4 极提升，4 挡是 8 极提升，结果自然提不起来，反而变成重物快速下滑，最后导致不应有的事故损失。从这件事，说明起重量限制器还是很重要的，也说明我们的工作人员要多懂一些科学知识才可以减少失误。

　　起重量限制器多种多样，但其工作原理，归根结底仍然是控制起升钢丝绳的张力。其实质还是一个张力限制器。对于上回转塔式起重机，较新式的起重量限制器的构造大体如图 3-3 所示。

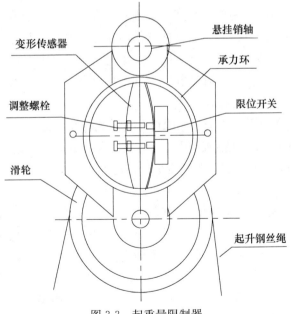

图 3-3　起重量限制器

它由销轴、传感器和导绳滑轮等组成，起升钢丝绳从塔帽上的滑轮下来以后，穿过传感器下面的导绳滑轮，再引入变幅小车上的滑轮槽。传感器的上端，用销轴装在回转塔身顶部，下端用销轴与滑轮架连接。传感器本身是个圆环形体，里面装 2 块弓形簧片，簧片的构造有点类似于力矩限制器的弓形板。簧片上分别装有限位开关和触动板。当起升绳受张力时，传感器的圆环被拉成椭圆形，带动两簧片纵向伸长，横向收缩，产生相对位移。与力矩限制器道理完全一样，这个横向位移比伸长量大得多，故可以带动微动限位开关动作，而且其精度可完全满足要求。

下回转塔式起重机，其张力限制的构造大体如图 3-4 所示。起升钢丝绳从下面平衡臂上的起升卷筒出发，绕过张力限器上的滑轮，引入到顶架前面的导向滑轮，再引入到变幅小车的滑轮上。张力限制器的架体和摆杆组成一杠杆系统，当起升绳受到张力时，摆杆向下摆动，通过杠杆作用使弹簧受压，弹簧顶端的压板产生的位移与弹簧力是正比关系，也与起升绳所受的张力是正比关系，这个位移足可控制行程开关的动作，足可以控制张力的大小。而且当吊钩落地、钢丝绳松弛时，弹簧会回弹伸长，压板上移，如果在压板上侧安装一限位开关，此时又会把下降回路断电，防止钢丝绳松绳和乱绳。但这一功能只有当吊钩质量达到 80kg 以上时才行。吊钩太轻，弹簧变形位移量太小，达不到精度要求。

3. 起升高度限位器

起升高度限位器用以限制吊钩的起升高度，以防止吊钩上的滑轮碰吊臂，也就是防止冲顶。在张力限制器没有调好的情况下，冲顶往往会绞断钢丝绳，吊钩会掉下来，这是危险的事。有起升高度限位器就多一层保护。起升高度限位器也多种多样，较老式的高度限位装置，有顶杆凸轮式，也就是由吊钩支架碰动顶杆，再带动凸轮摆动，碰动起升限位开关断电；还有螺杆螺母碰

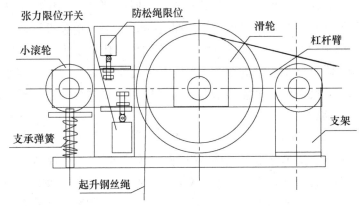

图 3-4 张力限制器

块式，卷筒轴带动螺杆，与其配合的螺母装在碰块内，随螺杆转动而平移，碰动起升限位开关而断电。这种装置也可以在另一侧装下降限位，以防止松绳乱绳。老式限位装置很准确，缺点是体积太大、质量太大。新一代的高度限位器是用多功能限位器，所谓多功能限位器，是一个特制的精密的蜗轮蜗杆装置，具体可参见图 3-5。

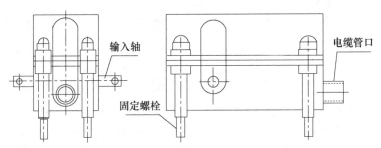

图 3-5 多功能限位器

其蜗杆伸出轴为输入轴，可以通过一对开式齿轮与卷筒轴相连，也可直连卷筒轴，这要看传动比的需要。蜗轮轴上可以装两个或 4 个凸轮片，当蜗轮转动时，带动凸轮片，控制微动限位开关，或断开或闭合，随电路控制要求而定。所有这些东西，都装在一个特制盒里，可以保护其精密运转。这样一个小小的限位装

73

置,可以用在各种场合,起升、变幅、回转都可用,故称多功能限位器。有了它,就可以实现批量化生产,不再单独设计制作各种各样的限位器。但是这种限位装置在传动比特别大时,精密度就要下降。这不是它的缺点,所有控制器都有这个问题,控制范围越大,细部就不可能很精密,所以应用时要多加注意,要合理选择传动比。

4. 变幅限位器

老式塔式起重机的变幅限位器,采用碰块直接触动限位开关。小车臂架式的小车上就装有碰块,臂头和臂根都装有限位开关,对小车向外和向内行走都有限位。动臂式塔式起重机变幅时,臂架本身就会改变仰角,这样也可以用限位开关来限制角度的变化。这种直接触动很直接,也较准确,但电线要拉得很长,调节要在不同位置进行,不很方便。自从有了多功能限位器以后,都可用多功能限位器。只要把其输入轴与卷筒主轴连接起来就可。

5. 回转限位器

回转限位的目的是防止单方向回转圈数过多,使电缆打扭。老式塔式起重机的电缆有带集电环的回转接头,就像电机转子滑环一样。这样不仅成本高,而且安装也不方便。有了回转限位,就可防止单方向扭转,电缆回转接头就不必要了。现在的回转限位几乎都使用多功能限位器。其回转运动的输入是在上回转支座上装一个支架,在支架上安装一个钢板做的齿轮,该齿轮与回转支承的大齿圈开式啮合,钢板齿轮的轴与多功能限位器的伸出轴相连,如图3-6所示。当塔式起重机回转时,大齿圈带动钢板齿轮转,从而带动限位凸轮,通过微动开关对回转机构的电路加以控制。

6. 大车行走限位和夹轨器

轨道行走式塔式起重机,在靠近轨道的终点要设阻车器,阻止大车超越范围。但是大车惯性很大，不能硬性阻车，故在离阻车器前面一段距离就要设限位开关，切断行走电路电源，以让大车提早停车。

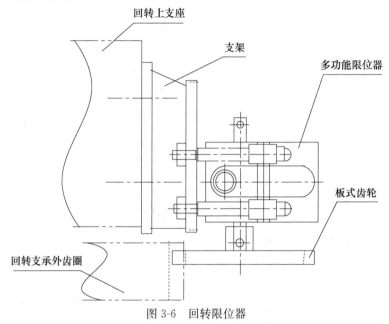

回转上支座

支架

多功能限位器

板式齿轮

回转支承外齿圈

图 3-6 回转限位器

塔式起重机大车除了行走限位以外，还必须防止大风将塔式起重机吹走，以免造成倒塔事故。所以行走式塔式起重机还要设夹轨器。夹轨器分手动式和电动式两种。

手动式夹轨器如图 3-7 所示。它主要是由支座、销轴、螺杆、手轮和夹轨钳等组成。转动手轮，带动螺杆，就可以使夹轨钳锁紧或松开。

电动式夹轨器，是一台小电机带动齿轮传动机构使螺杆转动，然后通过螺母套压缩杠杆机构而使夹轨钳夹紧或放松。这种电动夹轨器可通过电控连锁，当塔式起重机行走机构停止后，延迟一小段时间，夹轨器再自动锁紧。

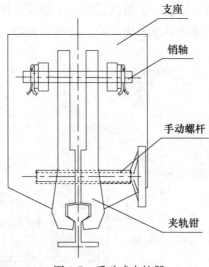

图 3-7　手动式夹轨器

7. 其他安全装置

除了前面介绍过的专用安全装置以外，塔式起重机还有一些别的安全装置。这些另外的安全装置，不是每台塔式起重机都有，但都是实际使用的经验总结，装上它自然有好处。现简单介绍如下：

（1）防牵引断绳溜车装置。臂架小车是靠牵引绳拉动的，牵引绳一般较细，使用久了有可能突然断裂。如果断绳时小车往外走，行走有惯性，就有可能向外溜车。重载情况下向外溜车是很危险的，因为它会增加起重力矩，而且是起重力矩越大，往外溜车趋势也越大，会形成恶性循环，这种事故也发生过，为此就设置了防牵引断绳溜车装置。该装置很简单，就在小车两端设置两块可绕销轴转动的活动卡板，如图 3-8 所示。平时由于牵引绳的支持，活动卡板基本是水平方向，一旦牵引绳断了，卡板失去支持力，重的一头向下，轻的一头向上，插入到臂架水平腹杆区，受腹杆阻卡作用使小车溜不动。

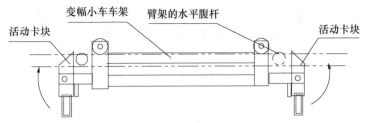

图 3-8　防牵引断绳溜车装置

（2）防小车断轴下坠装置。塔式起重机工作年限太久，有可能因磨损过大或其他原因使车轮脱轨，或因小车轴原材料缺陷而断裂，这种状况可能会引发小车下坠。尤其是小车吊篮载人过多，引发的事故会更严重。尽管靠用户加强机械检查可以避免一些事故，但发生的可能性仍然存在，于是有一些厂家就增加了防断轴下坠装置。即使一个小车轮掉了，也不至于下坠，减少了事故发生的可能性。防断轴下坠装置也很简单，实际上只要在小车支架的边梁上加 4 块槽形卡板，每个角用一块，让臂架主弦杆导轨嵌入其中，但每边留 5mm 的间隙，卡板并不接触导轨。平时使用没有任何影响，一旦一边下落或抬起，槽形卡板就会与导轨接触，阻止下落或抬起，确保小车运行脱不开臂架轨道。

（3）夜间防撞警示灯。高塔应该设防撞警示灯，以免发生航空灾难。

（4）风速仪。高塔风力特大，标准规定 6 级风以上不许作业，4 级风以上不许顶升加节，所以风速仪也是塔式起重机重要的安全装置。

（5）避雷针。50 m 以上高塔，应该设置避雷针，以防雷击和塔式起重机产生过大的静电感应。

塔式起重机安全装置是随着科技的进步而不断进步和创新的。用户应当欢迎新的安全装置，尤其是监控显示装置。所谓监控显示，就是塔式起重机一工作时就能显示出它所处的状态，比如起重力矩是多少，起重量是多少等，使司机随时做到心中有数。这是非常重要的安全装置，有见识的企业管理人员，应当大力支持科技进步。

第四章　塔式起重机操作基础知识

第一节　塔式起重机操作使用规程

塔式起重机司机在作业中的指挥、使用、操作、拆装和维修都应当依据相关技术标准的要求进行。

一、塔式起重机司机的相关要求

严禁塔式起重机司机（以下简称司机）、拆装工、指挥人员酒后作业。

1. 司机应年满18周岁，具有初中以上的文化程度。

2. 每年必须对司机进行一次身体检查，患有色盲、矫正视力低于1.0、听觉障碍、心脏病、贫血、癫痫、眩晕、突发性晕厥、断指等妨碍起重作业的患病者，不能从事司机工作。

3. 司机必须经过省、市级劳动部门或其指定的单位进行培训，也可以由专业（技工）学校培训。培训时间不得少于六个月。培训的内容应包括基础理论知识和实习操作两个部分。

（1）基础理论知识培训的时间不得少于750个课时（5个月）。

培训的科目应包括下列内容：

① 机械基础知识及简单的机械制图知识；

② 塔式起重机的构造及工作原理；

③ 原动机及电气原理知识；

④ 操作和使用塔式起重机所必须的力学知识；

⑤ 液压传动的基本知识；

⑥ 物体质量目测；

⑦ 吊具、索具的种类、选择、使用方法、报废标准及吊重的捆扎方法；

⑧ 指挥信号；

⑨ 有关登高作业、电气安全、消防及一般救护知识；

⑩ 有关法律、法规、标准、规定等。

（2）实习操作的时间不得少于 150 个课时（1 个月）。

实习操作应包括以下内容：

① 对所使用的塔式起重机的安装、拆除、顶升、爬升、附着及锚固操作；

② 对所使用的塔式起重机的一般电气故障的判断和排除；

③ 对所使用的塔式起重机的机械传动故障的判断和排除；

④ 一般的日常维修技术。

4. 对司机培训期满后，经省、市劳动部门按相关规定考核和发证。

5. 除主管部门安排的实习学员外，严禁无操作证的人员操作塔式起重机。

6. 实习学员操作塔式起重机时，在操作的全过程中必须有该塔式起重机司机的监护和指导。

7. 对于连续一年以上未操作塔式起重机的司机，企业主管部门必须注销其操作证。如再操作塔式起重机，必须经过省、市级劳动部门重新考试合格并取得操作证。

对于取得操作证的司机，省、市级劳动部门或其指定的单位，应每两年按相关规定进行复审。

8. 未经主管部门批准，司机不得允许非本台塔式起重机司机操作。

9. 司机在正常作业中，应只服从佩带有标志的指挥人员的指挥信号，对其他人员发布的任何信号严禁盲从。

10. 在作业中有下列情况之一者，司机不得操作塔式起重机：

（1）指挥信号辨别不清；

（2）会造成事故的指挥；

（3）不符合塔式起重机性能的指挥；

（4）用不符合规定的旗语、手势、音响的指挥信号。

11. 在作业中有两个或两个以上的指挥人员，确认只有一个指挥人员发出指挥信号时方可操作。凡是有两个或两个以上指挥人员同时发出信号时不得操作。

在作业的全过程中，必须有指挥人员指挥才能操作。严禁无指挥操作，更不允许不服从指挥信号，擅自操作。

二、塔式起重机的使用

1. 塔式起重机的使用条件

（1）必须持有国家颁发的塔式起重机生产许可证（经省级以上鉴定合格的新产品除外），有出厂合格证、使用说明书、电气原理图及布线图、配件目录以及必要的专用随机工具等。

（2）对于购入的旧塔式起重机应有两年内完整的运转履历书及有关修理资料。在使用前应对各部分（金属结构件、机构、电气、操纵、液压系统、安全装置等）进行检查、试验，保证其工作可靠，大修出厂的塔式起重机要有出厂检验合格证。对于停用时间超过一个月的塔式起重机在启用时，必须做好润滑调整、保养、检查工作。

（3）对所使用的塔式起重机（购入新的、旧的、大修出厂的以及停用一年以上的塔式起重机）应按说明书提供的性能，根据塔式起重机生产的有关标准或《塔式起重机》GB/T 5031 第3~5章中的规定进行检查、试验，并向上级主管部门提出试验报告。

塔式起重机的各种安全装置、仪器、仪表必须齐全。

2. 使用前的准备

在进入工地施工前，使用塔式起重机的部门必须向塔式起重机管理部门及司机提供塔式起重机工作场地及轨道基础铺设的方案；主要作业对象及内容；最大起吊重物和放置部位等施工任务交底书。对于需要塔式起重机爬升、附着锚固的施工工程以及塔式起重机易装难拆的工地，在使用前必须制订出符合有关安全规定的拆除方案。

3. 轨道的铺设

（1）塔式起重机轨道的铺设必须符合使用说明书中的有关规定，与其有关的各种安全距离、基础的制作和轨道的铺设，均须符合《塔式起重机安全规程》GB 5144 第 8 章中的规定。轨道的铺设长度与夯实的基础长度相一致，严禁在未经夯实的部位延伸铺设轨道，碎石基础的碎石粒径应为 20～40mm，含土量不大于 20%，以保证对路基排水、透气和摩擦力的要求。

（2）在距轨道两端钢轨不小于 1m 处，可靠地安装防止塔式起重机出轨的止挡装置，止挡装置应使电缆在卷筒上至少保持有一圈的长度，并应符合以下要求：

① 有足够的强度；

② 高度不小于行走轮直径的 2/3；

③ 应有一定的缓冲作用；

（3）大车行走限位器碰块安装应牢固，且符合以下要求：

① 碰块的形状、尺寸、材料与设计图纸一致；

② 碰块的安装位置应与止挡装置保持足够的距离；

③ 碰块上应涂有鲜明的红色警示标志。

（4）基础和轨道铺好后，必须经使用单位主管部门按规程验收合格后，方可安装塔式起重机。

（5）塔式起重机的接地必须牢固，接地电阻不大于 4Ω。

三、塔式起重机的作业

1. 作业前的检查

（1）交接班时要认真做好交接手续，检查机械履历书、交班记录及有关部门规定的记录等填写和记载的是否齐全。当发现或怀疑塔式起重机有异常情况时，交班司机和接班司机必须当面交接，严禁交班和接班司机不接头或经他人转告交班。

（2）松开夹轨器，按规定的方法将夹轨器固定好，确保在行走过程中夹轨器不卡轨。

（3）轨道及路基应安全可靠：清除行走轨道上的障碍物，用目力对轨道进行宏观检查，止挡装置应齐全，并安装牢固可靠；轨道的坡度、两轨的高差、平行度以及钢轨接头处都应符合使用说明书中的规定；鱼尾板应无裂纹，连接螺栓不应松动。如发现有可疑情况，应利用仪器按照《塔式起重机安全规程》GB 5144中8.6条的有关规定检查。凡糟朽、腐烂的枕木及断裂、疏松的混凝土轨枕必须立即更换。路基如有沉降、溜坡、裂缝情况，应将塔式起重机开到安全位置停止使用。每月及暴雨后用仪器按《塔式起重机安全规程》GB 5144中第8章及说明书中的有关规定检查路基和轨道，并及时修整。

（4）塔式起重机各主要螺栓应连接紧固，主要焊缝不应有裂纹和开焊。

（5）按有关规定检查电气部分：按有关要求检查塔式起重机的接地和接零保护设施，在接通电源前，各控制器应处于零位，操作系统应灵活准确。电气元件工作正常，导线接头、各电气元件的固定应牢固，无接触不良及导线裸露等现象。工作电源电压应为（380±20）V。

（6）检查机械传动减速机的润滑油量和油质。

（7）检查制动器：各工作机构的制动器应动作灵活、制动可靠。

液压油箱和制动器储油装置中的油量应符合规定，并且油路无泄漏。

（8）吊钩及各部滑轮、导绳轮等应转动灵活，无卡塞现象，各部钢丝绳应完好，固定端应牢固可靠。

（9）按使用说明书检查高度限位器的距离。

（10）检查塔式起重机的安全操作距离必须符合《塔式起重机安全规程》GB 5144 中 8.3、8.4、8.5 条的规定。

（11）对于有乘人电梯的塔式起重机，在作业前应做下列检查：

① 各开关、限位装置及安全装置应灵活可靠；

② 钢丝绳、传动件及主要受力构件应符合有关规定；

③ 导轨与塔身的连接应牢固，所有导轨应平直，各接口处不得错位，运行中不得有卡塞现象。梯笼不得与其他部分有刮碰现象。导索必须按有关规定张紧到所要求的程度，且牢固可靠。

（12）塔式起重机遭到风速超过 25m/s 的暴风（相当于 9 级风）袭击，或经过中等地震后，必须进行全面检查，经主管技术部门认可后方可投入使用。

（13）司机在作业前必须经下列各项检查，确认完好后方可开始作业。

① 空载运转一个作业循环；

② 试吊重物；

③ 核定和检查大车行走、起升高度、幅度等限位装置及起重力矩、起重量限制器等安全保护装置。

（14）对于附着式塔式起重机，应对附着装置进行检查。

① 塔身附着框架的检查：

a. 附着框架在塔身节上的安装必须安全可靠，并应符合使用说明书中的有关规定；

b. 附着框架与塔身节的固定应牢固；

c. 各连接件不应缺少或松动。

② 附着杆的检查：

a. 与附着框架的连接必须可靠；

b. 附着杆有调整装置的应按要求调整后锁紧；

c. 附着杆本身的连接不得松动。

③ 附着杆与建筑物的连接情况：

a. 与附着杆相连接的建筑物不应有裂纹或损坏；

b. 在工作中附着杆与建筑物的锚固连接必须牢固，不应有错动；

c. 各连接件应齐全、可靠。

2. 作业

（1）司机必须熟悉所操作的塔式起重机的性能，并应严格按说明书的规定作业，不得斜拉斜拽重物、吊拔埋在地下或黏结在地面、设备上的重物以及不明质量的重物。塔式起重机开始作业时，司机应首先发出音响信号，以提醒作业现场人员注意。

（2）重物的吊挂必须符合以下要求：

① 严禁用吊钩直接吊挂重物，吊钩必须用吊具、索具吊挂重物；

② 起吊短碎物料时，必须用强度足够的网、袋包装，不得直接捆扎起吊；

③ 起吊细长物料时，物料最少必须捆扎两处，并且用两个吊点吊运，在整个吊运过程中应使物料处于水平状态；

④ 起吊的重物在整个吊运过程中，不得摆动、旋转，不得吊运悬挂不稳的重物，吊运体积大的重物，应拉溜绳；

⑤ 不得在起吊的重物上悬挂任何重物。

（3）操纵控制器时必须从零挡开始，逐级推到所需要的挡位。传动装置反方向运动时，控制器先回零位，然后再逐挡逆向操作，禁止越挡操作和急开急停。吊运重物时，不得猛起猛落，以防吊运过程中发生散落、松绑、偏斜等情况。起吊时必须先将重物吊离地面 0.5m 左右停住，确定制动、物料捆扎、吊点和吊具无问题后，方可指挥操作。司机应掌握所操作的塔式起重机的各种安全保护装置的结构、工作原理及维护方法，发生故障时必须立即排除。司机不得操作安全装置失效、缺少或不准确的塔式起重机。司机在操作时必须集中精力，当安全装置显示或报警时，必须按使用说明书中有关规定操作。

（4）不允许塔式起重机超载和超风力作业，在特殊情况下如需超载，不得超过额定荷载的 10%，并由使用部门提出超载使用的可行性分析及超载使用申请报告，报告应包括下列内容：

① 作业项目、内容；

② 超载作业的吊次和超载值；

③ 超载的计算书及超载试验程序；

④ 安全措施；

⑤ 作业项目和使用部门负责人签字。

设备主管部门和主管技术负责人对上述报告审查后应签署意见并签字。超载作业必须选派有经验的司机操作，超载作业前要做如下准备：

① 检查吊具、索具；

② 检查重物吊挂；

③ 安全措施；

④ 按照审核批准超载使用的起重量和试验程序做超载试验。

另外，要选择有经验的指挥人员指挥作业，设备主管部门做好记录，并保存三年，记录的内容应包括上述内容。

（5）在起升过程中，当吊钩滑轮组接近起重臂 5m 时，应用低速起升，严防与起重臂顶撞。严禁采用自由下降的方法下降吊钩或重物。当重物下降距就位点约 1m 处时，必须采用慢速就位。塔式起重机行走到距限位开关碰块约 3m 处，应提前减速停车。作业中平移起吊重物时，重物高出其所跨越障碍物的高度不得小于 1m。

（6）不得起吊带人的重物，禁止用塔式起重机吊运人员。只有在极为特殊的情况或为了完成其他安全的作业情况下，风力不超过 4 级，在塔式起重机吊具上设有专用乘人装置并采取如下措施时方可运送人员：

① 由主管部门技术负责人批准；

② 仔细检查塔式起重机各机构运转和各制动器的动作，必须灵活可靠；

③ 检查钢丝绳和吊索具均为完好；

④ 防止专用的乘人装置的转动和滑落；

⑤ 搭乘的人员必须系安全带；

⑥ 下降搭乘装置时，必须用动力下放。

（7）作业中，临时停歇或停电时，必须将重物卸下，升起吊钩。将各操作手柄（钮）置于"零位"。如因停电无法升、降重物，则应根据现场与具体情况，由有关人员研究，采取适当的措施。塔式起重机在作业中，严禁对传动部分、运动部分以及运动件所及区域做维修、保养、调整等工作。

（8）作业中遇有下列情况应停止作业：

① 恶劣气候：如大雨、大雪、大雾，超过允许工作风力等影响安全作业；

② 塔式起重机出现漏电现象；

③ 钢丝绳磨损严重、扭曲、断股、打结或出槽；

④ 安全保护装置失效；

⑤ 各传动机构出现异常现象和有异响；

⑥ 金属结构部分发生变形；

⑦ 塔式起重机发生其他妨碍作业及影响安全的故障。

（9）钢丝绳在卷筒上的缠绕必须整齐，有下列情况时不允许作业：

① 爬绳、乱绳、啃绳；

② 多层缠绕时，各层间的绳索互相塞挤。

（10）司机必须在规定的通道内上、下塔式起重机。上、下塔式起重机时不得握持任何物件。禁止在塔式起重机各个部位乱放工具、零件或杂物，严禁从塔式起重机上向下抛扔物品。多机作业时，应避免各塔式起重机在回转半径内重叠作业。在特殊情况下，需要重叠作业时，必须符合《塔式起重机安全规程》中8.5条的规定。

（11）采用多机抬吊时，必须由使用部门提出多机抬吊的可行性分析及包括以下内容的抬吊报告：

① 作业项目和内容；

② 抬吊的吊次；

③ 抬吊时各台塔式起重机的最大起重量、幅度；

④ 各台塔式起重机的协调动作方案和指挥；

⑤ 详细的指挥方案；

⑥ 安全措施；

⑦ 作业项目和使用部门负责人签字。

设备主管部门和主管技术负责人对报告审查后签署意见并签字。每台抬吊的塔式起重机所承担的荷载不得超过本身80％的额定能力，必须选派有经验的司机和指挥人员作业，并有详细的书面操作程序。

（12）起升或下降重物时，重物下方禁止有人通行或停留，司机必须专心操作，作业中不得离开司机室；塔式起重机运转时，司机不得离开操作位置。塔式起重机作业时禁止无关人员上、下塔式起重机，司机室内不得放置易燃和妨碍操作的物品，防止触电和发生火灾。司机室的玻璃应平整、清洁，不得影响司机的视线。夜间作业时，应该有足够照度的照明。

（13）有电梯的塔式起重机，在使用电梯时必须按说明书的规定使用和操作，严禁超载和违反操作程序，并必须遵守下列规定：

① 乘坐人员必须置身于梯笼内，不得攀登或登踏梯笼其他部位，更不得将身体任何部位和所持物件伸到梯笼之外。

② 禁止用电梯运送不明质量的重物。

③ 在升降过程中，如果发生故障，应立即停止使用。

④ 对发生故障的电梯进行修理时，必须采取措施，将梯笼可

靠地固定住，使梯笼在修理过程中不产生升降运动。

（14）对于无中央集电环及起升机构不安装在回转部分的塔式起重机，回转作业必须严格按使用说明书规定操作。

（15）在同一工程中，塔式起重机需要先行走后固定，在固定作业时应遵守下列规定：

①必须使塔式起重机行走到固定使用的基础上。

②将夹轨器锁紧并用专门的止挡装置将所有行走台车可靠地固定在轨道上，不得发生任何方向的移动。应切断大车行走系统的电路。

（16）在作业中临时停电，司机必须将所有手柄拉到零位，并将总电源切断。

3. 每班作业后的要求

（1）当轨道式塔式起重机结束作业后，司机应把塔式起重机停放在不妨碍回转的位置。凡是回转机构带有止动装置或常闭式制动器的塔式起重机，在停止作业后，司机必须松开制动器。绝对禁止并限制起重臂随风转动。动臂式塔式起重机将起重臂放到最大幅度位置，小车变幅塔式起重机把小车开到说明书中规定的位置，并且将吊钩起升到最高点，吊钩上严禁吊挂重物。

（2）把各控制器拉到零位，切断总切源，收好工具，关好所有门窗并加锁，夜间打开红色障碍指示灯。在一个工地上如有一台以上塔式起重机时，其相互位置应符合《塔式起重机安全规程》GB 5144 中的规定。凡是在底架以上无栏杆的各个部位做检查、维修、保养、加油等工作时必须系安全带。

（3）填好当班履历书及各种记录，锁紧所有的夹轨器。

四、塔式起重机的维修与保养

1. 保养

塔式起重机作业中，司机除了对临时出现的故障进行排除和修理外，每天必须停机对机械认真地做一次例行保养，并按使用说明书规定的部位、周期和润滑剂做好润滑。

2. 维修

塔式起重机发生故障后，必须及时排除与维修。

3. 大修

（1）塔式起重机经过一段长时间的运转后应进行大修，大修间隔最长不应超过 15000h。

（2）大修时必须做到：

① 塔式起重机的所有可拆零件全部拆卸、清洗、修理或更换；

② 更换润滑油；

③ 所有电机应拆卸、解体、维修；

④ 更换老化的电线和损坏的电气元件；

⑤ 除锈、涂漆；

⑥ 对拉臂的钢丝绳或拉杆按《起重机钢丝绳保养、维护、检验和报废》GB/T 5972 的规定进行检查和更换；

⑦ 塔式起重机上所用的各种仪表应按有关规定维修、校验、更换。

（3）大修出厂时，塔式起重机应达到产品出厂时的工作性能，并应有检验合格证。

4. 零部件的代用及改装

在各种场合的修理中，未经生产厂的同意，不得采用任何代用件及代用材料。严禁修理单位自行改装。

5. 停用时的维护

长时间不使用的塔式起重机对各部位做好润滑、防腐、防雨处理后停放好，每年做一次检查。

五、其他

1. 起重力矩限制器的调试

塔式起重机每到一工地，在作业前必须按《塔式起重机安全规程》GB 5144 中 4.2 条的规定对起重力矩限制器进行调试。

2. 重大事故

凡发生倾覆、摔臂、折臂、脱轨、塔帽脱落事故，不论有无人身伤害及经济损失大小，必须按重大事故处理。

3. 严禁发生的情况

（1）在安装好的塔式起重机的各金属结构上安装或悬挂标语牌、广告牌等挡风物件。

（2）作为其他设备的地锚或牵绳等的固定装置。

（3）将塔式起重机的各部分与电焊机地线相连。

（4）在塔式起重机上安装或固定其他电气设备、电气元件及开关柜。

（5）将塔式起重机的工作机构、金属结构、电气系统作为其他设备的附属装置等。

4. 工地照明灯在塔式起重机上的安装

一般情况下，不得在塔式起重机上安装工地照明灯，如在特殊情况下需要安装时，必须由安装照明的部门向塔式起重机的上级主管安全部门提出申请，经批准后按有关规定安装。

5. 安全装置及仪表

塔式起重机上所使用的安全装置及各种仪表应按有关规定，定期标定、维修、报废更新，不受塔式起重机大修间隔时间的限制。

第二节　起重吊运指挥信号

为确保起重吊运安全，防止发生事故，适应科学管理的需要，按相关标准对现场指挥人员和起重机司机所使用的基本信号和有关安全技术作了统一规定。

一、指挥人员使用的手势信号

前、后、左、右在指挥语言中，均以司机所在位置为基准。

（1）"预备"（注意）

手臂伸直，置于头上方，五指自然伸开，手心朝前保持不动（图 4-1）。

（2）"要主钩"

单手自然握拳，置于头上，轻触头顶（图 4-2）。

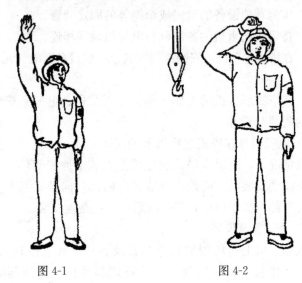

图 4-1   图 4-2

（3）"要副钩"

一只手握拳，小臂向上不动，另一只手伸出，手心轻触前只手的肘关节（图 4-3）。

（4）"吊钩上升"

小臂向侧上方伸直，五指自然伸开，高于肩部，以腕部为轴转动（图 4-4）。

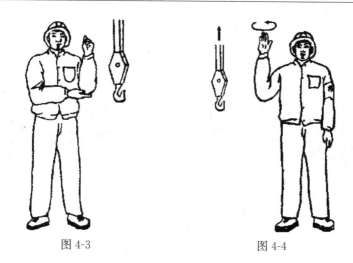

图 4-3   图 4-4

（5）"吊钩下降"

手臂伸向侧前下方，与身体夹角约为 30°，五指自然伸开，以腕部为轴转动（图 4-5）。

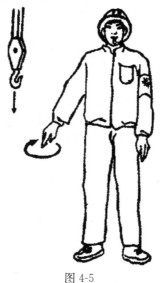

图 4-5

93

（6）"吊钩水平移动"

小臂向侧上方伸直，五指并拢，手心朝外，朝负载应运行的方向，向下挥动到与肩相平的位置（图4-6）。

图 4-6

（7）"吊钩微微上升"

小臂伸向侧前上方，手心朝上高于肩部，以腕部为轴，重复向上摆动手掌（图4-7）。

（8）"吊钩微微下落"

手臂伸向侧前下方，与身体夹角约为30°，手心朝下，以腕部为轴，重复向下摆动手掌（图4-8）。

（9）"吊钩水平微微移动"

小臂向侧上方自然伸出，五指并拢，手心朝外，朝负载应运行的方向，重复做缓慢的水平运动（图4-9）。

（10）"微动范围"

双小臂曲起，伸向一侧，五指伸直，手心相对，其间距与负载所要移动的距离接近（图4-10）。

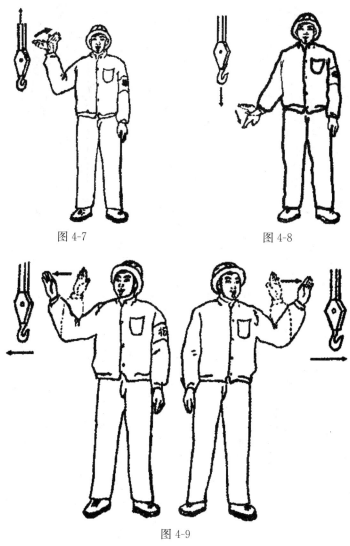

图 4-7

图 4-8

图 4-9

（11）"指示降落方位"

五指伸直，指出负载应降落的位置（图 4-11）。

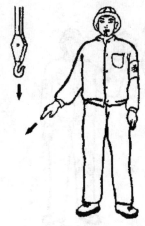

图 4-10   图 4-11

（12）"停止"

小臂水平置于胸前，五指伸开，手心朝下，水平挥向一侧（图 4-12）。

（13）"紧急停止"

两小臂水平置于胸前，五指伸开，手心朝下，同时水平挥向两侧（图 4-13）。

图 4-12   图 4-13

（14）"工作结束"

双手五指伸开，在额前交叉（图 4-14）。

图 4-14

二、指挥人员使用的音响信号

"——"表示大于一秒钟的长声符号，"●"表示小于一秒钟的短声符号，"○"表示停顿的符号。

（1）"预备""停止"

一长声——

（2）"上升"

二短声●●

（3）"下降"

三短声●●●

（4）"微动"

断续短声●○●○●○

（5）"紧急停止"

急促的长声＿＿ ＿＿ ＿＿

三、起重吊运指挥语言

（1）开始、停止工作的语言

起重机的状态	指挥语言
开始工作	开　始
停止和紧急停止	停
工作结束	结　束

（2）吊钩移动语言

吊钩的移动	指挥语言
正常上升	上　升
微微上升	上升一点
正常下降	下　降
微微下降	下降一点
正常向前	向　前
微微向前	向前一点
正常向后	向　后
微微向后	向后一点
正常向右	向　右
微微向右	向右一点
正常向左	向　左
微微向左	向左一点

（3）转台回转语言

转台的回转	指挥语言
正常右转	右　转
微微右转	右转一点
正常左转	左　转
微微左转	左转一点

（4）臂架移动语言

臂架的移动	指挥语言
正常伸长	伸　长
微微伸长	伸长一点
正常缩回	缩　回
微微缩回	缩回一点
正常升臂	升　臂
微微升臂	升一点臂
正常降臂	降　臂
微微降臂	降一点臂

四、司机使用的音响信号

（1）"明白"——服从指挥

一短声●

（2）"重复"——请求重新发出信号

二短声●●

（3）"注意"

长声————

五、信号的配合应用

（1）指挥人员使用音响信号与手势信号的配合。

① 在发出"上升"音响时，可分别与"吊钩上升""升臂""伸臂""抓取"手势相配合。

② 在发出"下降"音响时，可分别与"吊钩下降""降臂""缩臂""释放"手势相配合。

③ 在发出"微动"音响时，可分别与"吊钩微微上升""吊钩微微下降""吊钩水平微微移动""微微升臂""微微降臂"手势相配合。

④ 在发出"紧急停止"音响时,可与"紧急停止"手势相配合。

⑤ 在发出相应音响信号时,均可与上述未规定的手势相配合。

(2) 指挥人员与司机之间的配合

① 指挥人员发出"预备"信号时,要目视司机,司机接到信号在开始工作前,应回答"明白"信号。当指挥人员听到回答信号后,方可进行指挥。

② 指挥人员在发出"要主钩""要副钩""微动范围"手势或旗语时,要目视司机,同时可发出"预备"音响信号,司机接到信号后,要准确操作。

③ 指挥人员在发出"工作结束"的手势或旗语时,要目视司机,同时可发出"停止"音响信号,司机接到信号后,应回答"明白"信号方可离开岗位。

④ 指挥人员对起重机械要求微微移动时,可根据需要,重复给出信号。司机应按信号要求,缓慢平稳操纵设备。除此之外,如无特殊需求,其他指挥信号,指挥人员都应一次性给出。司机在接到下一信号前,必须按原指挥信号要求操纵设备。

六、对指挥人员和司机的基本要求

(1) 对使用信号的基本规定

① 指挥人员使用手势信号均以本人的手心、手指或手臂表示吊钩、臂杆和机械位移的运动方向。

② 指挥人员使用旗语信号均以指挥旗的旗头表示吊钩、臂杆和机械位移的运动方向。

③ 在同时指挥臂杆和吊钩时,指挥人员必须分别用左手指挥臂杆,右手指挥吊钩。当持旗指挥时,一般左手持红旗指挥臂杆,右手持绿旗指挥吊钩。

④ 当两台或两台以上起重机同时在距离较近的工作区域内工作时，指挥人员使用音响信号的音调应有明显区别，并要配合手势或旗语指挥，严禁单独使用相同音调的音响指挥。

⑤ 当两台或两台以上起重机同时在距离较近的工作区域内工作时，司机发出的音响应有明显区别。

⑥ 指挥人员用"起重吊运指挥语言"指挥时，应讲普通话。

（2）指挥人员的职责及其要求：

① 指挥人员应根据本标准的信号要求与起重机司机进行联系。

② 指挥人员发出的指挥信号必须清晰、准确。

③ 指挥人员应站在使司机看清指挥信号的安全位置上。当跟随负载运行指挥时，应随时指挥负载避开人员和障碍物。

④ 指挥人员不能同时看清司机和负载时。必须增设中间指挥人员以便逐级传递信号，当发现错传信号时，应立即发出停止信号。

⑤ 负载降落前，指挥人员必须确认降落区域安全，之后方可发出降落信号。

⑥ 当多人绑挂同一负载时，起吊前应先进行呼唤应答，确认绑挂无误后方可由一人负责指挥。

⑦ 同时用两台起重机吊运同一负载时，指挥人员应双手分别指挥各台起重机，以确保同步吊运。

⑧ 在开始起吊负载时，应先用"微动"信号指挥。待负载离开地面 100～200mm 稳妥后，再用正常速度指挥。必要时，在负载降落前，也应使用"微动"信号指挥。

⑨ 指挥人员应佩带鲜明的标志，如标有"指挥"字样的臂章、特殊颜色的安全帽、工作服等。

⑩ 指挥人员所戴手套的手心和手背要易于辨别。

（3）起重机司机的职责及其要求

① 司机必须听从指挥人员的指挥，当指挥信号不明时，司机

应发出"重复"信号询问，明确指挥意图后，方可开车。

② 司机必须熟练掌握标准规定的通用手势信号和有关的各种指挥信号，并与指挥人员密切配合。

③ 当指挥人员所发信号违反本标准的规定时，司机有权拒绝执行。

④ 司机在开车前必须鸣铃示警，必要时，在吊运中也要鸣铃，通知受负载威胁的地面人员撤离。

⑤ 在吊运过程中，司机对任何人发出的"紧急停止"信号都应服从。

七、管理方面的有关规定

（1）对起重机司机和指挥人员，必须由有关部门进行安全技术培训，经考试合格、取得合格证后方能操作或指挥。

（2）音响信号是手势信号的辅助信号，使用单位可根据工作需要确定是否采用。

第五章 塔式起重机使用维护基本要求及安全要点

塔式起重机是大型产品，又是安全要求很高的产品，施工企业买台塔式起重机很不容易，因此正确掌握使用维护知识，避免事故，延长机械的使用寿命具有特别重大的意义。一台塔式起重机，工作得好不好，固然与设计质量、制作质量关系很大，但同种型号的塔式起重机，在不同的用户手里，发挥的作用与效益，差别可以很大，这充分说明用户使用维护得好与不好，对设备的损耗起了决定性的作用。

第一节 对用户使用、维护和管理的基本要求

1. 用户对塔式起重机应当建立管理档案，包括进入施工单位的使用说明书、发货清单、备品备件、安装移交记录等，做到有据可查。

2. 必须制订塔式起重机的维护保养制度，并严格执行。要求设备管理人员能了解自己的塔式起重机的运行状况，是否有过什么故障，处理好没有，并有记录。

3. 正确处理好使用和维护保养的关系，不能只重使用，放松保养。实际上维护保养得好，可以大大提高使用效率，减少事故损失。

4. 必须对操作人员进行技术培训，加强使用、维护和保养的

基本知识的教育，培养他们自觉地爱护机械设备的习惯和风气，掌握基本技能和技巧，严格遵守操作规程。禁止无证人员上岗操作。

5. 准备必要的物质条件，满足维护保养作业的需要。如油壶、注油枪、油杯、漏斗和专用工具设备，按期按量提供棉纱、润滑油，按时供应所需的备品和配件。

6. 在特殊施工条件下，要改变塔式起重机的安装施工条件，必须与供应单位取得联系和协商，不可自以为是地做出变更。必要时必须向设计单位和专业人员进行咨询。

7. 为塔式起重机正常使用创造必要的环境条件，比如施工空间避免碰撞、灯光照明、供电环境、防水浸泡等。对操作人员，要尽可能地提供舒适、方便的工作条件，注意降温和取暖，减少他们的疲劳和分散注意力。

第二节　操作人员应有的基本安全意识

一台塔式起重机，使用是否正确，维护保养是否周到有效，关键是操作人员。而操作人员要清楚地意识到，自己掌握的不仅是一台大型设备，而且掌握着自己和工地上一部分人的生命安全，责任很重，必须时刻小心谨慎。作为一个操作人员，必须深刻地懂得：塔式起重机最可怕的是倒塔，其次就是碰撞和机构的损坏。因此自己应千方百计防止塔式起重机失去平衡、防止碰撞、防止过载，应引起操作人员的高度注意：

1. 防止超力矩倒塔

造成超力矩有如下一些原因，应引起操作人员的高度注意：

（1）力矩限制器失灵或没有调整好就使用。力矩限制器只有超力矩才动作，平时不动作，因此往往不引起注意。操作人员平时要有意识地检查一下，压一压力矩限制器上行开关的触头，看一看报警铃还响不响。响即证明能正常动作,如不响,就证明有故障,应先修后操作,至于没调整好就使用,是严重违章,非常危险。当然,建议最好能装力矩显示器,一起吊就能知道起重力矩是多少,离危险状况还有多远。操作人员应拒绝在力矩限制器不正常的情况下上塔式起重机操作。

(2)水平斜拉起吊。塔式起重机是禁止斜拉起吊的。但工地上完全垂直状态起吊也很难。一般计算时,考虑了吊索倾斜 3°(tan3°=5%)的水平力。水平分力 5%,但产生的力矩可不是5%,因为水平分力的力臂是独立式高度,是比较大的。所以不可小看 3°的倾斜角。最可怕的是用吊索斜拖物品,你不知道阻力系数是多大,危险性很大。所以操作人员要主动拒绝斜拉起吊。

(3)风力过大起吊。风荷会增加倾翻力矩。在使用说明书上规定禁止 6 级风以上作业。操作人员应引起注意,风力太大,不应去起吊。

(4)为了扩大作业面,故意短路掉力矩限制器,这是严重违章作业!严重威胁操作人员自身安全,应坚决抵制。

2. 防止碰撞

(1)起重机操作人员,应在得到地面的指挥信号后进行操作。而且操纵前应当按响电铃,以提起相关人员知道,起重机将要运行了。

(2)操纵时应当精力集中,随时观察吊钩的运行情况和位置,注意周围是否有障碍物存在。下班时,吊钩必须升到最高障碍物以上位置。

(3)要熟练掌握重物惯性作用,提前降速和停车,还要学会稳钩技术。尤其是对回转惯性,一定要提前停车,不可到位才停车,否则臂架和重物都停不下来,对不准工位,容易碰撞。当然具体提前多少,要靠自己积累经验才能掌握。稳钩技术,包含一定的力学知识,不是很容易就学会的,我们后面在操作技巧里还要介绍。

（4）当下面有碰撞对象时，尽量提早提升吊钩避免相碰，不能等到快到了才提升吊钩。因为惯性摆动常常看不准，容易发生碰撞。反之在放吊钩时，不能放得过低，以免吊钩摆动伤人。

（5）当有人在塔式起重机上搞维修调整工作时，不得启动塔式起重机运转。

3. 防止过载

造成过载常常有如下一些情况，操作人员要注意防止。

（1）起重量限制器失灵或没有调整好就使用塔式起重机。与力矩限制器同样的原因，因为动作不常发生就没有引起重视和注意，失灵后不知道。因此要常按一下起重量限制器开关触头，看电铃是否报警。如有故障及时排除。不调整好起重量限制器就使用塔式起重机，是严重违章作业，潜伏有事故危险，应抵制这种作法。

（2）用起重机起吊一些超重物品，故意短路掉起重量限制器，这同样是严重违章，很容易损坏起重机，应自觉制止。

（3）连续不断地满载起吊，虽然不一定超载，但会超过起升机构的负荷率。塔式起重机设计时起升机构的负荷率 JC＝40％。不可以连续满载起吊，否则对机器同样会有损害。

（4）在高温下连续作业。在炎热的夏天，环境温度很高，对机器散热很不利。连续发热，会使机器超负荷，应注意防止。

（5）连续使用低速起升。低速起吊，散热条件不好，特别是使用涡流制动器，负荷很大，电流值大，很容易使电机发热，以至烧坏电机，所以操作者应当很明白这个道理，不许连续使用低速起升。一般规定，低速挡的负荷率 JC＝15％，也即每 10min 低速挡累计使用时间应当小于 1.5min。单次连续使用时间不宜超过 40s。

第三节　塔式起重机四大机构的操作要求及注意事项

1. 起升机构操作注意事项

对起升机构操作主要是平稳准确，防止冲击和过载。为此操作人员必须了解自己所操作的塔式起重机的构造和性能，特别是起升机构的调速方式，并遵守以下操作注意事项：

（1）起吊重物时，必须按低、中、高速顺序起钩。每挡至少停 4 秒以上，不得越挡，以免引起冲击；反之停车时，应按高、中、低速顺序操作。这样就位准确，制动平稳可靠，且磨损小。

（2）低速挡主要用于慢就位，不得长期连续使用，以防烧坏电机。

（3）对于双速绕线带涡流制动起升机构，不仅低速挡，而且带电阻运行的Ⅱ～Ⅲ挡，也不宜使用时间过长。因为此时速度较低，电阻一直处于发热状态，太久了容易烧坏。稳定的使用状态是切除电阻后的中速挡和高速挡。

（4）重载下不宜打高速。特别是所吊重物的实际质量不知道的情况下，不宜轻易打高速。高速挡主要用于轻载和落钩。重载下以切除电阻后的中速挡为最合适。

（5）重物已吊起一定的高度，如发现有下滑现象，应立即打回低速挡，切勿打向高速挡。因为在功率一定的情况下，起重量与速度是反比关系，重载低速，轻载高速。发现下溜，本已是力量不够的表现，打入高速，提升力更不够，只会加速向下溜车，很危险。返回低速挡，既然它开始吊得起来，那么现在它也能吊得起来。如怕过热，也应在低速挡停车。

（6）对于用电磁离合器换挡的起升机构，在重载下禁止在空中换挡。

（7）不要过多地连续使用点动。因为点动是一个启动过程，电流和力矩都有很大的冲击，过多使用点动对电机、电控设备和传动机构都很不利。特别是在满载情况下，冲击更大。

（8）下放吊钩时，注意不要轻易使吊钩落地。吊钩落地，钢丝绳松弛是反弹乱绳的重要原因，要尽量减少乱绳发生的机会。卷筒若乱了绳，宜理好后再进行操作。

（9）凡接近上限位和重物落地时，必须提早降速，用低速就位，要防止对目标的冲击。

（10）钢丝绳打扭严重，宜停止操作，要拆下绳头，用细绳牵住绳头，尽量放出绳长，释放内扭力，然后再装上去。

2. 对回转机构的操作要求及注意事项

对回转机构操作的总的要求是平稳准确。塔式起重机回转时，惯性很大，启动时静态惯性大，并不容易启动，力矩过大又易于形成冲击；停车时动态惯性大，要想停还停不下来，停急了又会发生扭摆现象。而且臂端回转线速度大，要想就位就更困难。这就要求操作者积累经验，掌握技巧。一般情况下，要求操作者注意下列事项：

（1）启动回转，一定按低、中、高的顺序提速，绝不要越挡。回转加速度越大，惯性也就越大，振摆现象也就越严重。

（2）在回转到位前，就要求提早降速和停车。这是需要经验和技巧来掌握的。可能开始掌握不好，要注意摸索经验，大致提前多少角度为宜。带涡流制动器的回转机构可能好一些。但中小塔式起重机往往不带涡流制动，所以回转就位要困难一些。但是，在操作运行中，不容许使用回转定位的常开式电磁制动器来进行制动，否则可能造成扭摆。

（3）在低速下，可以使用逐步点动回转就位。

（4）鼠笼式电机驱动的回转机构，如发现启动冲击过大，可以将液力耦合器的油适当放出，以软化启动特性。

（5）调频调速回转机构，降速停车时，可一下打到低频挡，停留一会，使速度降下来再打到停车。不要一步步去降低频率，以免产生振摆现象。原因是一步步降低频率时，回转电机可能时而处于发电机状态，时而处于电动机状态，掌握不准，容易振摆。如果一步就打到低频，回转电机就只会处于发电机制动状态，等速度降下来了也就不会有多大的冲击振摆。本来回转电机可以一步就断电停车，它也可以慢慢停下来，不会有振摆冲击。但这种停下来是靠阻尼溜车停下来的，要的时间较长，溜车距离较大。调频电机打低速挡，不断电，就会形成一个低速旋转磁场，起制动作用，就可以让电机较快地降速，比马上断电停车要好。

（6）下班时，在把吊钩提到足够高以后，一定要放开回转制动，让起重机臂架能自由回转。

3.对变幅机构的操作要求及注意事项

变幅机构只水平移动，负载较轻，线速度也不高，因此应当便于掌握和操作。然而变幅涉及起重力矩的改变，如不及时停车，就会有超力矩的可能。因此对变幅操作的主要要求是平稳停车、准确就位。

（1）变幅操作启动时要严格按照低、中、高速度的顺序启动，停车是按高、中、低的速度顺序停车。

（2）减小幅度，不仅减小起重力矩，也会减小回转线速度。因此当远处起吊时，提起重物后，宜先将小车往回走，减小一定幅度后再回转。回转方位差不多准确后，再对着下放目标变幅就位。变幅就位时最好是由内向外走，这样比较合理安全，可避免过大的回转力矩。

（3）在接近下放目标前，就要提早降速。一般用低速运行慢就位。单速运行的变幅机构，要考虑惯性作用，提早停车，等摆动停下来后再用点动就位。在接近障碍物或人的情况下，宜先提高一点，后再放下，防止摆动碰撞。

（4）当变幅牵引绳产生伸长而松弛下垂时，会使小车产生不均匀的爬行现象，这时宜停止操作，先张紧牵引钢丝绳，再操作。

以上所述，主要是对小车变幅塔式起重机来说的。对于动臂变幅塔式起重机的变幅机构，它本来就是一台功率较大的卷扬机。变幅时重物和臂架都会升降，安全要求更高。动臂式塔式起重机，一般不容许在额定起重力矩情况下变幅，这一点要引起特别的注意。动臂变幅对制动器要求也很高，绝对不容许制动打滑，否则越滑力矩越大，制动越困难，故一定要低速制动停车。动臂变幅就位时，一般应该是从外往内就位比较安全。因为这样变位是起重臂就位，力矩越来越小，变幅时制动比较可靠。

4. 大车行走机构的操作要求及注意事项

操纵塔式起重机大车行走，最重要的是防止惯性力过大造成整体倾翻。大车行走速度不高，但由于其质量很大，所以惯性大。防止倾翻最重要的是适时降速和制动。对于大型塔式起重机，一定要先降速，后停车制动，而且制动力矩先小后大缓慢加上去。对于小型塔式起重机，行走机构通常是蜗轮蜗杆自锁制动，比较柔和。大车制动停车位置，一般要离开端部限位挡块5m 以上，不容许太靠近端部。

5. 起重机的稳钩操作注意事项

塔式起重机高度较大，吊索悬挂较长，因而运转时吊钩容易摆动，这是客观存在的现象。所谓稳钩操作，是怎么使摆动的吊钩较快地停下来，或者是怎么使吊钩在起重机开始运行时能随着移动尽量减小摆动的操作方法。稳钩操作是驾驶员应当掌握的操作技巧。

吊钩发生摆动，是因为它受到水平方向的力，这个力常常是因为重物的惯性滞后而发生。一旦发生后就来回摆动，水平力的方向交替变化。如果吊钩在水平方向受力时，能设法使这个力消失，那就能消除摆动，就可稳钩。下面分几种情况论述。

（1）吊钩在圆周方向摆动。这要靠操纵回转机构来消除。在吊钩摆到某一方向最大幅度时还尚未摆回来的瞬间，短时启动回转，使吊臂向吊钩摆动方向转，就能减少吊索摆动。

（2）吊钩在径向摆动。这要靠操纵变幅机构来消除。当吊钩向内摆到最大摆动幅度还未向外摆的瞬间，短时启动变幅机构，使小车向内变幅，这就会消除吊索的倾斜角度，减小水平分力，从而消除径向摆动。

（3）吊钩在塔式起重机轨道平行方向摆动。要靠操纵行走机构来消除。当吊钩摆到最大幅度还尚未回摆时，顺着摆动方向启动行走机构就可以消除摆动。

（4）综合的斜向摆动。这就要抓住主要矛盾，先消除最大方向上的摆动，再消除与之垂直方向上的摆动。或者回转与变幅可以同时并用，运行得当，可以很快消除摆动。

为了减少启动机构时的摆动，可以分二次启动，比如大车要较长距离行走时，可先把行走或回转在相应方向开动一下，使吊钩产生人为的摆动，当吊钩摆到移动方向最大幅度还未回摆时的瞬间，再启动行走机构，这就是二次启动。这时就可以使吊钩比较平稳地随吊车运行，消除来回摆动。

注意稳钩方法的技巧一定要掌握好时机和方向，如果方向搞反了，不仅稳不住，反而会加大摆动。这就是操作技巧的重要性。其关键是二次启动应当是向着减小吊索倾斜角的方向，减小倾斜也就能减小水平力。

第四节　对液压顶升系统使用要求及注意事项

1. 使用与维护

塔式起重机的液压系统还算比较简单，只要使用维护得好，一般说来，故障率是比较少的。但是如果忽视维护或者使用不当，就会出现各种故障。而且由于系统内部不易观察，出了故障往往不易一下子就找出原因，以致影响塔式起重机的使用。下面就将使用中应当特别注意的问题分述如下：

（1）液压油的使用与维护

液压传动系统以油液作为传递能量的工作介质。除了正确选用液压油外，还必须使油液保持清洁，特别要防止油液中混入杂质和污物。经验证明，液压系统经常发生的各种故障、堵塞和损坏事故，往往就与液压油变质、杂质、污染及密封不严有关。

因此，液压系统使用维护的关键是保持系统和液压油的清洁。为此应注意：

① 油箱中的液压油应经常保持正常的油面。

② 液压油必须经过严格的过滤。滤油器应当经常清洗，去除滤油网上的杂质，发现损坏要及时更换。

③ 系统中的油液应经常检查，并根据工作情况定期更换。尤其是新投入使用的系统设备，容易混入金属屑或其他杂质，要提早换油。

④ 一般情况下，液压元件不要轻易拆卸。但是在发生堵塞，往往又必须拆卸时，要用煤油清洗干净。特别是小孔，一定要防止堵塞。而且清洗后要放在干净的地方，及时装配好，特别注意防止金属屑、锈块、灰尘、棉纱等杂质落入液压元件中。

（2）防止空气进入液压系统

空气进入油液中会产生气泡，形成空穴现象。到了高压区，在压力作用下，这些气泡受到压缩会产生噪声，引起局部过热，使液压元件和液压油受到损坏。空气的可压缩性大，还会使油缸产生爬行现象，破坏系统工作的平稳性。为此，要注意做到：

① 系统的回油管，必须插入到油箱的油面以下，防止回油带入空气。

② 油箱的油面要尽量大些，吸入侧和回油侧要用隔板隔开，以达到消除气泡的目的。

③ 在管路及液压缸的最高部分设置气孔，在启动时应放掉其中的空气。

（3）防止油温过高

注意检查工作温度，一般应保持在 35～60℃ 之间，应尽量控制油的温度，使其不超过上述允许值的上限。

① 经常注意保持油箱中的正确油位，使系统中的油液有足够的循环冷却条件。

② 在系统不工作时，油泵必须卸荷。

正确选择系统中所用油液的黏度。黏度过高，会增加油液流动时的能量损耗。黏度过低，泄漏就会增加，两者都会使油温升高。

2. 液压系统常见故障和排除方法

（1）油温过高

油温过高是由多种因素产生的，综合各用户使用经验，列出下表 4-1 供参考。

表 4-1　液压油温升过高的原因及排除方法

产生原因	排除方法
1. 液压泵效率低，其容积、压力和机械损失较大，因而转化为热量较多	选择性能良好的、适用的液压泵
2. 系统沿途压力损失大，局部转化为热量	各种控制阀应在额定流量范围内，管路应尽量短，弯头要大，管径要按允许流速选取
3. 系统泄漏严重，密封损坏	油的黏度要适当，过滤要好，元件配合要好，减少零件磨损

4. 回路设计不合理，系统不工作时油经溢流阀回油	不工作时，应尽量采用卸荷回路，用三位四通阀
5. 油箱本身散热不良，容积过小，散热面积不足。或储油量太少，循环过快	油箱容积应按散热要求设计制作，若结构受限，要增添冷却装置。储油量要足

（2）噪声

噪声原因及排除方法见表4-2。

表4-2　噪声原因及排除方法

产生原因	排除方法
1. 系统吸入空气，油箱中油量不足，油面过低，油管浸入太短，吸油管与回油管靠得太近，或中间未加隔板，密封不严，不工作时有空气渗入	加足油量，油液浸入油面要有一定深度，吸油管与回油管之间要用隔板隔开，利用排气装置，快速全行程往返几次排气
2. 齿轮泵齿形误差大，泵的轴向间隙磨损大	啮合接触面应达到齿长的65%，修磨轴向间隙
3. 液压泵与电动机安装不同心，换向过快，产生液压冲击	重新安装联轴节，手动换向阀要合适，使换向平稳
4. 油液中脏物堵塞阻尼小孔，弹簧变形、卡死、损坏	清洗换油，疏通小孔，更换弹簧

（3）爬行现象

油缸爬行原因及排除方法见表4-3。

表4-3　油缸爬行原因及排除方法

产生原因	排除方法
1. 空气进入系统，油液不干净，滤油器不定期清洗，不按时换油	定期检查清洗，定期更换油液
2. 运动件间摩擦阻力太大，表面润滑不良，零件的形位误差过大	改进设计，提高加工质量
3. 液压油缸内表面磨损，液体内部串腔	修磨液压缸，检修
4 压力不足或无压力	提高回油背压

（4）压力不足或无压

油压不足原因及其排除方法见表4-4。

表4-4　油压不足原因及其排除方法

产生原因	排除方法
1. 液压泵反转或转速未达要求，零件损坏，精度低，密封不严，间隙过大或咬死，液压泵吸油管阻力大或漏气	检查，修正，修复，更换
2. 液压缸动作不正常，漏油明显，活塞或活塞杆密封失效，杂物、金属屑损伤滑动面，缸内存在空气，活塞杆密封压得过紧，溢流阀被污物卡住处于溢流状态	排气，减少压紧力，清洗，更换阀芯、阀座，对溢流阀位做调整
3. 其他管路、节流小孔、阀口被污物堵塞，密封件损坏致使密封不严，压力油腔或回油腔串油	清洗疏通，修复更换

第五节　日常使用维护要求及特别注意事项

塔式起重机，是建筑工程中的大型设备，又是安全要求很高的设备。因此，保持塔式起重机的正常使用性能，具有特别重要的意义。从工地领导、设备管理人员、使用人员都要高度重视塔式起重机的正常使用，不仅会用，而且会保养维护，会洞察各种故障，会修理和排除各种故障。只有这样，才能充分发挥出塔式起重机的工作效益，延长其使用寿命。

1. 操纵使用要求及注意事项

（1）对操纵使用人员的责任要求

驾驶员是塔式起重机的直接使用者，素质好坏与塔式起重机能否正常使用有着密切的关系。一台塔式起重机，在使用过程中，充分发挥操作人员的主导作用，合理地使用塔式起重机，严格遵守有关技术规程和规章制度。在这个基础上，每日或定期地给塔式起重机进行清洁、润滑、紧固、调整、防腐、检查，排除故障，更换已磨损或失效的零件，使机械设备保持良好的工作状态。这就是对操纵使用人员的主要责任要求。要做到这一点，也不是很容易，要求驾驶员具有如下素质：

① 明确自己工作的重要性，有强烈的工作责任感，作风正派；

② 具有相应的文化程度，并经过一定的技术培训和技术考核；

③ 能熟知安全操作规程和吊装技术及吊装信号；

④ 能搞懂自己所用的塔式起重机的整机构造、原理组成、结构及技术性能；

⑤ 懂得各种货物的捆扎、装卸、起吊的操作方法；

⑥ 懂得所用的起重机的系列保养和一级保养的范围；

⑦ 具有判断和排除常见故障的能力；

⑧ 具有在高空作业的身体条件和适应能力。

每个驾驶员，应当按这样的素质要求去培养训练自己，以适应工作要求。

（2）对操作使用过程的基本要求

操作过程是变化多端的，但有一个总的基本要求，就是稳、准、快、安全，合理地去操作起重机。这就要求多练基本功。

稳：是指在吊物和运行中，要使吊钩和重物不发生大的摆动。惯性是客观存在的，但稳钩是项操作技巧，要学会消除惯性影响。

准：是指准确就位，在稳的基础上，正确地把物料送到指定位置。同样，这会有惯性影响，重要的是会总结经验，适时停车。

快：是指在稳、准的前提下，使起升、运行机构协调配合好，用尽量少的时间、最短的运行路线完成每一次吊运工作。

安全：指操作中严格执行安全技术操作规程。不发生设备及人身事故，有预见事故的能力，及时地制止事故。对设备能经常做到预检、预修。保证起重机在完好的技术性能下，可靠地工作。在意外故障情况下，能机动灵活并准确地采取措施，制止事故或使损失减到最小。

合理：是指在了解、掌握机械设备特性的基础上，根据被吊对象的具体情况，正确地确定起吊方案，正确地发出控制指令。

（3）安全教育和安全操纵技术要求

起重机操作人员，是在高空工作，而且是在与地面人员的密切配合下，通过钢丝绳和吊钩，远距离完成被吊物件的起落、停止和运行的。工作涉及面较广，安全要求很高。在工作过程中，操作不熟练、操作方法欠正确、精神不集中等因素，都可能造成人身事故与设备事故。因此，在使用中，要经常进行安全教育，并要求使用人员在操作中掌握和遵守各种安全操纵技术要求。

安全教育有定期讲述和班前教育两种形式。其中班前教育每天由生产组长、安全员或司机利用班前几分钟，讲述有关生产安全注意事项。其内容主要是回顾近来安全生产情况，表扬先进，指出薄弱环节，提醒大家注意检查发现和消除安全隐患等。

2. 塔式起重机的日常维护保养

一台塔式起重机，要想充分发挥作用，除了正确的操作，维护保养得好也是重要环节。塔式起重机的维护检查工作，直接关系到起重机的寿命、工作效率和安全生产。检查维护工作也是司机责任范围内的一个重要工作，绝不可轻视。塔式起重机的日常检查维护工作主要内容包括交接班检查、加注润滑油、预检、预修和排除临时故障等。

（1）交接班检查和维护的注意事项

① 交接班时，当班人员应认真负责地向接班者介绍当班工作情况，交接班人员应共同做好检查维护工作。下班时，若无人接班，当班人员应写好交接班记事簿。

② 连续工作的起重机，每班应有 15～20min 的交接班检查维护时间。不连续工作的起重机，检查维护工作应在工作前进行。

③ 为了防止漏检，交接班检查应按一定的顺序进行，形成惯例。其主要检查内容有：

a. 检查销轴连接板、卡板、开口销、螺母是否完好，有无松脱，发现问题及时更换。

b. 检查钢丝绳在卷筒上的缠绕情况，有无跳槽、重叠、乱绳情况，绳尾压板螺栓是否有松脱或缺少现象。

c. 紧固好各机械联轴器、销轴、机座、电机的螺栓。

d. 检查配电箱、电路接线端子、控制器主触头是否良好。

e. 检查调试各安全装置的工作性能是否正常。

f. 检查连接螺栓、螺母是否有松动现象，有无变形过大现象。

g. 检查制动器松紧情况是否合适，如不正常应进行调试。

h. 检查各机构的减速机，是否有漏油、渗油现象，发现问题及时排除。

（2）定期检查和维护

定期检查保养，指机械在运转一定时间后，为消除不正常状态，恢复良好的工作条件所进行的一种预防性的维护保养，其中包括季节变换保养。

定期检查有周检、月检和半年检等。各用户单位可根据自己的具体情况，组织由塔式起重机司机、设备员等组成临时检查小组进行检查。各种定期检查的具体内容有：

① 周检内容

a. 接触器、控制器触头的接触和腐蚀情况。

b. 制动器闸带的磨损情况。

c. 联轴器上的连接销、键的连接及螺钉的紧固情况。

d. 使用半年以上的钢丝绳磨损情况。

e. 钢结构件关键部位的连接情况，有无塑性变形现象。

② 月检内容

a. 电动机、减速机、轴承支座等与底座螺钉紧固情况。电动机集电环碳刷磨损情况。

b. 钢丝绳压板螺钉的紧固情况，使用三个月以上的钢丝绳磨损情况及润滑情况等。

c. 各管口处导线绝缘层的磨损情况。

d. 各限位开关转轴的润滑与防水情况。

e. 各减速机及润滑油的油质与油量情况。

f. 小车臂架下弦杆导轨的磨损情况。

③ 半年检查内容

a. 电气系统的控制器、电阻器及接线座、接线螺钉的紧固情况，要逐个检查并紧固。

b. 检查电气设备绝缘情况。

c. 液力推杆制动器的油量及油质情况。

d. 各钢结构的连接情况，耳板、导轨等磨损腐蚀情况。

e. 各滑轮组的滑轮磨损情况。

（3）加注润滑油

塔式起重机工作机构的润滑是日常维护工作的主要内容之一。润滑情况好坏，不仅直接影响各机构的正常运转与机件的寿命，而且还会影响安全生产和生产效率。各机构零部件的润滑工作应该遵循的原则是：凡在有轴和孔配合的地方，以及有摩擦面的机械部分，都要定期进行润滑。由于起重机的机构各种各样，对不同部位的润滑，操作人员要视具体情况灵活掌握。润滑时使用油枪或油杯对各润滑点分别加注润滑油，并保持各润滑点的清洁。

塔式起重机润滑工作的主要内容有：

① 对各大传动机构的减速箱，观察油面，检查有无渗漏，发现油面过低或传动箱温度过高，要适时加注齿轮油。

② 所有的滑轮、轴承座里面的轴承都要抹黄油，要适时补注润滑脂。

③ 所有的开式齿轮传动，要经常抹润滑脂，包括回转支承和回转小齿轮之间的传动。

④ 滑动轴套和轴之间，要注意加注润滑脂。

⑤ 卷筒上的钢丝绳，应适时涂抹黄油，以减小彼此之间的磨损。

（4）由操作人员承担的检查维护保养工作

为了维护塔式起重机日常的清洁、紧固、润滑和调整，确保机械在每班作业中能正常运转和安全操作，必须明确规定由操作人员承担的维护保养责任。其主要内容有：

① 交接班时的检查维护，主要包括：

a. 检查供电系统是否正常、安全可靠。

b. 通电后检查各控制器、接触器、仪表、指示灯及声响设备是否正常。

c. 检查吊具、滑轮组、钢丝绳是否有裂纹、磨损过度等现象。

d. 启动各传动机构，观察其运行情况，判断是否有不正常响声或者漏油、渗油现象。

e. 检查各安全装置的限位开关，判断是否还正常起限制作用。

g. 检查各机构零部件的润滑情况。

② 日常作业中的检查维护

a. 随时注意各机构运行情况有无异味、异声。

b. 随时注意各安全装置的工作情况。

c. 利用作业间隙时间，检查各机构、电动机、减速箱、轴承座有无发热或温升过高的现象。

d. 检查调整制动器、制动轮、制动块间的间隙是否均匀。紧固好松动的螺帽。

e. 检查关键连接部位或振动较大部位的连接情况，是否有松动或脱开的趋向。如有，要立即设法排除。

③ 下班前的维护保养工作

为确保下一班工作能顺利进行，在下班前，应认真做好以下工作：

a. 检查钢丝绳是否在滑轮槽内，钢丝绳有无磨损过度现象。

b. 查看各运行机构减速箱内的油量、传动齿轮啮合润滑情况，查看各润滑油路是否畅通。

c. 检查联轴器的传动情况，查看是否还能正常传动、有无局部损坏。

d. 检查各仪表、指示器、指示灯是否正常，查看各安全装置是否正常起作用。

e. 各操纵杆回中位、清洁整理好现场、切断总电源、上好电控柜门锁、关好操作室门。

f. 检查确认机器保养完好后，填写运行日志。若发现较大故障，或有不正常现象，则要记入运行日志，并提出诊断修理要求，告诉接班人员并报告主管部门。

第六章 塔式起重机事故实例汇总分析及经验教训

塔式起重机是工作空间最大的起重机。起吊高度高、工作幅度大、行走范围也很广，每次转移工地都要安装架设，因而实际使用常常出现各种事故，造成人员生命和财产的重大损失。每年，我国总要发生几十起重大的塔式起重机事故，令人痛心和惋惜。在这里，笔者汇集我国多年来所发生的种种事故案例进行分析，以便从中汲取经验教训。

第一节 倒塔事故及原因分析

1. 基础不稳固，达不到防倾翻要求，或意外风暴袭击倒塔。

因基础不符合要求而发生倒塔的种种现象有：

（1）地基设在沉陷不均的地方，或者地沟没有夯实就浇混凝土。用久了以后，发生局部下沉，而又没有采取补救措施。拼装式基础更要注意与地面紧密结合的问题。因为不是现浇的，一定要注意防止水泥块与地沟之间留有空穴（见图 6-1）。

（2）地基太靠近边坡，尤其是在有地下室的情况下，基础离开挖坑边太近，在大的暴风雨后容易滑坡倒塔。凡是离边坡很近的塔式起重机，在浇灌基础前一定要打桩或加固。

（3）虽然基础打了桩，但桩下又挖得太空，实际有些桩没有多少承载能力，造成局部塌陷而倒塔。这种事已发生过多次，必须要引起足够重视。

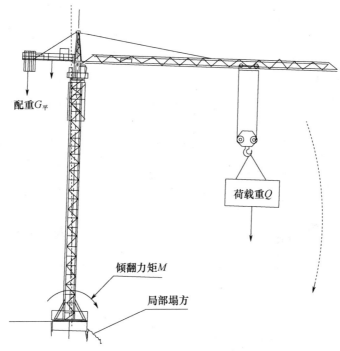

图 6-1 地基局部塌方引起倾倒

（4）混凝土基础浇筑不合要求，配比不对，达不到抗拉强度要求，提早破裂。地脚螺栓松脱，发挥不了作用。

（5）基础浇灌后，没注意养护，没及时浇水降温，内部被烧坏，达不到强度要求。

（6）基础浇灌后，时间太短就使用，混凝土达不到强度要求，满足不了负载的要求。

（7）地脚螺栓钩内没穿插横杆，螺栓拉力传不出去，引起钩头局部混凝土破坏。

（8）有的塔式起重机用埋入半个钢架作为基础，重复使用时不是用螺栓连接，而是将地上地下部分用气焊切割后又对焊，容易发生焊缝开裂，或产生脆性疲劳断裂而倒塔。

（9）行走式塔式起重机压重平衡稳定储备量不足，在超载情况下易发生倾翻倒塔。

（10）行走式塔式起重机，下班后忘记锁夹轨器，晚上突遭风暴袭击而倒塔（见图 6-2）。

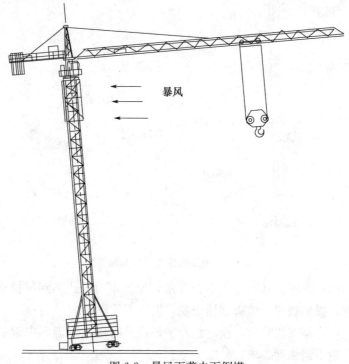

图 6-2　暴风雨袭击下倒塔

（11）行走式塔式起重机，轨道铺设不可靠，或地面承载能力不够，引起局部下沉，导致倾斜过分而引发倒塔。

2. 安装、顶升、附着、拆卸引发的倒塔事故

（1）违背安装顺序，没掌握好平衡规律。最突出的是要先装平衡臂，再装 1～2 块平衡重，使之有适当后倾力矩，然后才能装吊重臂。装了吊重臂后塔式起重机向前倾，最后再装平衡重，

使塔式起重机在空载状态有后倾力矩。平衡重不能一直装下去，没掌握适当后倾力矩，就会引发后倾倒塔。反之在拆塔时，一定要先拆平衡重，最多留 1～2 块，然后才能拆吊臂，最后再拆留下的平衡重和平衡臂。但是有的人在拆卸吊重臂前，不先拆平衡重，后倾力矩太大，结果一拆吊重臂就倒塔。这些经验教训应引起足够重视（参见图 6-3）。

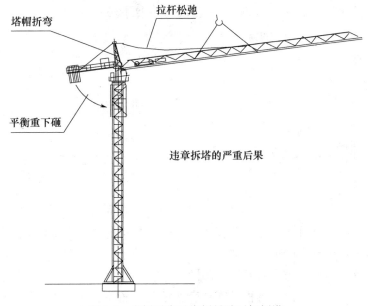

塔帽折弯

拉杆松弛

平衡重下砸

违章拆塔的严重后果

图 6-3　未拆平衡重先拆吊臂后倾倒塔

（2）顶升时扁担梁（也叫顶升横梁）没搭好，有一头只搭上一点点，或者只搭在爬爪的槽边上，当顶升到一定高度后单边脱落，造成整个上部倾斜，有的就导致倒塔。这种事故发生较多，应引起高度注意。每次顶升油缸开动前，工作人员都应检查一下扁担梁的搭接情况，搭接不好就不要顶升。

（3）球形油缸支座的扁担梁，没有防横向倾斜的保险销，或者有保险销也没有用上，在顶升时扁担梁向外翻又没引起注意，结果横向分力导致扁担梁横向弯曲，在得不到限制的条件下，过大的弯曲变形会引起扁担梁端部从爬爪的槽内脱出，造成倒塔事故（见图 6-4）。

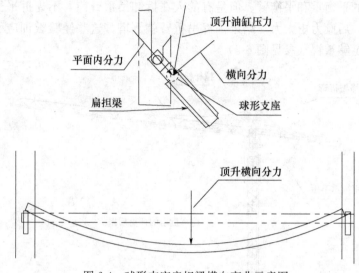

图 6-4　球形支座扁担梁横向弯曲示意图

（4）顶升时装在顶升套架上的两块自动翻转的卡板没有可靠地搭在标准节爬爪的顶部，当油缸回缩使卡板受力时，发生单边脱落，造成单边受力而使顶部倾斜，引发倒塔。

（5）顶升油缸行程长度与套架滚轮布置不相配，当油缸全行程伸出时，可以使套架上部滚轮超出标准节顶端，从而引起上部倾斜，导致倒塔。所以塔式起重机顶升油缸的规格一定按设计要求配置，不可轻易变动。

（6）顶升时回转机构没有制动，在偶然的风力作用下臂架发生回转，致使套架引入口的主弦杆单边受力太大而失去稳定，导致上部倾斜而倒塔。

（7）顶升套架下面的滚轮距离太短，在不平衡力矩作用下，引起滚轮轮压太大，标准节主弦杆在轮压作用下局部弯曲，导致上部倾斜而倒塔。

（8）顶升时没有注意把小车开到足够远处，或者没有吊一个标准节来调节上部的重心位置，使上部重心偏离油缸轴线太远，导致滚轮的局部轮压太大，使主弦杆局部弯曲而倾斜。

（9）套架已顶起一定高度后，液压顶升系统突然发生故障，造成上不能上、下不能下。而作业人员缺乏经验，无法及时排除险情，停留过久，遇到过大的风力，容易引发倒塔。

（10）塔式起重机打附着时，没有设置结实可靠的附着支点，当附着架受力时，把支点毁坏，导致上部变形过大而发生重大事故。

（11）受条件限制，附着距离远远超过说明书上的附着距离，不经咨询计算，随意增加附着杆的长度，结果导致附着杆局部失稳，上部变形过大而发生倒塔。

（12）塔式起重机超高使用，不经咨询计算，随意增加附着高度，在高空恶劣的风力条件下，因附加风力太大导致附着失效，引发倒塔事故。

（13）在拆塔和降塔时粗心大意，没有注意调节平衡就拆除回转下支座与标准节的连接螺栓，结果同样会引发顶升时局部轮压过大问题。

（14）在已拆除回转下支座与标准节之间的连接螺栓的情况下，起吊导致不平衡力矩失控而发生顶部倾斜。

（15）前面所述顶升时容易倒塔的各种因素，在拆塔时同样存在。拆塔时为了把标准节从套架内拉出来，先要顶升一小段距离，所以操作中的粗心大意同样存在事故危险。

（16）降塔时由于受建筑物的条件限制，容易碰到别的障碍物。在缺乏考虑的条件下，轻易开动回转来避开障碍物，从而很容易造成套架引入口的单根主弦受力过大而失稳倒塔。

（17）在安装中，销轴没有可靠的防窜位措施。有的用铁丝、钢筋代替开口销，日久因锈蚀而发生脱落。销轴失去定位而窜动脱落，会导致重大的倒塔事故，所以加强检查很有必要。

（18）多次安装和拆卸中丢失高强螺栓，不按原规格购买补充，而是随意就近购买普通螺栓代用，结果因强度不够而发生断裂，导致倒塔，这种事故也较多。

3. 使用维护管理不当引起的倒塔事故

（1）把小塔当大塔用，故意使力矩限制器短路不起作用，或者加大力矩限制值，抱侥幸心理，不知道如此做的严重后果，从而导致超力矩倒塔，这种事故实例很多。

（2）日常保养不善，力矩限制器失灵而没发现，早已超力矩还在往外变幅，造成折臂而失去平衡后引发倒塔。

（3）在力矩限制器没有调好或失灵的情况下，大幅度起吊不知质量大小的重物，造成严重超力矩而折臂倒塔。

（4）斜拉、侧拉起吊重物。不知道斜拉、侧拉会使吊臂产生很大的横向弯矩，吊臂下弦杆很容易局部屈曲，从而发生折臂。根部折臂会失去前倾力矩，引起平衡重后倾往下砸，打坏塔身而倒塔（参见图6-5）。

（5）用塔吊去拔起压在别的东西下的物件，没有负载大小的概念，起升机构的惯性冲击引发严重超力矩，造成吊臂折断而倒塔。

（6）在有障碍物的场合下操作回转，快接近障碍物才停车，因惯性太大停不下来，因横向冲击砸坏吊臂，失去平衡引发倒塔。

（7）在塔式起重机安装吊臂各节连接过程中，因销轴敲击过重而敲坏卡板的焊缝，而检查维护管理中又没发现，使用中销轴慢慢滑脱，造成吊臂突然折断而引起倒塔。有的销轴卡板用螺钉固定，使用中螺钉松脱而没有发现，或者忘了装开口销，同样引发上面的严重后果。

（8）塔式起重机年久失修，臂架下弦杆导轨磨损锈蚀严重，检查保养又不注意，造成薄弱处折臂而倒塔。

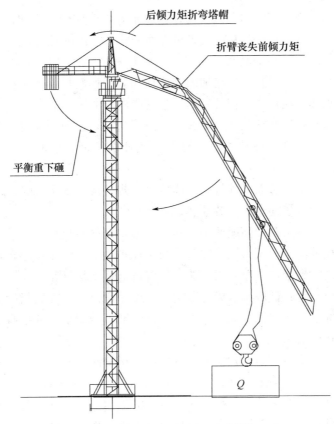

图 6-5 根部折臂引发后倾倒塔

（9）塔式起重机零部件储存运输中不注意，杆件局部砸弯，已失去应有的承载能力，检查维护时又没有引起注意，没有及时补强，从而引发事故。

4. 制作质量问题或设计缺陷

（1）塔顶或回转塔身焊缝过小，在反复起吊作业时应力过大，提前产生疲劳破坏，使顶部突然发生断裂而掉下来，或者单根主弦杆连接焊缝撕裂，而使吊重臂先下坠，接着平衡臂下坠，砸坏塔身而倒塔。

（2）静不定双吊点拉杆制作精度不好，造成受力不均，一紧一松，在起吊中单根拉杆受力过大而破断，导致折臂倒塔。

（3）为减小回转支承规格，未经计算随意改动回转上支座。因刚度不够，导致产生附加的交变应力，使回转塔身主弦杆产生疲劳破坏，腹杆产生剪切变形，造成严重的事故隐患。

（4）连接螺栓热处理不过关，过硬过脆，达不到应有的塑性变形指标。在交变应力下，提早产生疲劳脆断，引起塔身折断倒塔。

（5）塔身截面尺寸偏小，连接套的焊缝应力偏大，又有应力集中，用久了易产生疲劳开裂，引发倒塔。

（6）臂架截面高度偏小，刚度不够，起吊时挠度过大，容易造成往外溜车，又未设置防断绳溜车保护装置，结果在小车牵引绳断裂时失控，小车外溜，加大起重力矩而导致倒塔。

（7）为降低成本，买劣质钢材，尺寸没保证，强度指标和塑性指标都没有保证。结果造成主弦杆脆断、臂架折断或塔身折断而导致倒塔。

（8）刚性平衡臂式塔式起重机，平衡臂刚度不够，或者桁架式平衡臂的主弦杆局部稳定储备不足，没有考虑到在安装过程中，平衡臂在无拉杆时承受平衡重块的能力，导致在安装中预加平衡重块时平衡臂根部折弯、平衡重下砸而倒塔。也有塔式起重机在使用中，平衡臂的上弦杆局部失稳，导致平衡臂尾部上翘、吊重臂下坠而倒塔。

（9）在吊臂拉杆设计时，只做了宏观应力分析，没考虑到拉杆耳板和圆钢焊接处开槽角点的应力集中，耳板边留得不够宽，结果该角点容易产生疲劳断裂，导致拉杆断裂而倒塔。

（10）使用说明书不够细致，有些过程没说清楚。尤其是拆塔过程过于简单，容易引起误会。

第二节　重物下坠事故及原因分析

重物突然下坠，虽然不及倒塔事故严重，但照样威胁人们的生命和财产，同样要引起高度重视。

1. 使用维护管理不善方面的原因

（1）不重视起重量限制器的维护保养，不调节好起重量限制器就使用，有的甚至故意不用，或加大限制值，使其起不到应有的限制保护作用。他们以为质量过大反正吊不起来，不限制也没什么了不起。但是，塔式起重机的起升机构往往是多速运行，重载低速，轻载高速，在低速下吊起来的物件，吊到一定的高度后，如切入到高速，就有可能吊不起来，而产生向下溜车。当装有起重量限制器时它就会自动切换回低速，而没有起重量限制器就没有这个功能。溜车时司机若处理得当，打回低速就不会造成事故，但不熟练的操作者，凭感觉操作，反而往高速打，就会造成重物快速下坠事故。

（2）起升机构制动器没调好，太松。在超重情况高速下放时，因惯性作用而制动不住，产生溜车下坠。尤其是盘式制动起升机构，更容易发生这种事故。电磁铁抱闸制动器也容易损坏，造成突然溜车下坠。所以塔式起重机的起升机构，要经常检查调整制动器。

（3）自动换倍率机构，由 2 倍率换 4 倍率时切换不到位，也没注意检查，或者没有加保险销，在起吊中，活动滑轮会突然下落，引发重大事故。所以自动换倍率装置虽然好，但最好能加保险销。

（4）钢丝绳打扭乱绳严重，没及时排除，强行使用。或钢丝绳上有沙子，又没有抹润滑油，磨损严重。有断股现象，又没有及时更换引起断绳下坠。

（5）因吊钩落地，钢丝绳松动反弹，钢丝绳跳出卷筒外或滑轮之外，严重挤伤或断股，又没有及时更换，在满载或超载起吊时，引发断绳下坠。

（6）钢丝绳末端绳扣螺母没有锁紧，使绳头从中滑出。

2. 设计或制作质量方面的问题

（1）起升机构卷筒直径太小，又长又细，一方面使起升绳偏摆角太大，容易乱绳。另一方面钢丝绳缠绕直径小，弯曲度太大，弯曲应力反复交变，容易产生脆性疲劳。过大的弯曲也容易反弹乱绳，增加钢丝绳的磨损。

（2）起升卷筒和滑轮没有设置防止钢丝绳跳出的挡绳板，或者挡绳板与轮缘距离太大，不能有效阻止钢丝绳跳出。

（3）自动换倍率装置没有设置防脱扣的保险销。因为这需要人上去检查和插拔，增加了麻烦，有些人不愿意设置。

（4）起升钢丝绳运动中某些地方和钢结构有轻微干涉现象，没有及时发现和排除，导致钢丝绳磨损过快。

（5）有些起升机构采用电磁换挡调速，而电磁换挡离合器质量不过关，容易磨损打滑。实际使用中很难明白在什么情况下会打滑，不好预防，所以会发生突然下坠事故。一般地说，凡用电磁换挡的起升机构，不容许满负荷空中换挡。

（6）有些起升机构，仍然在使用带橡胶圈的销轴式联轴器，在反复交变负载下，连接销很容易破坏，引发吊重下坠事故。

第三节　烧坏起升电机故障原因分析

塔式起重机使用中，烧坏起升机构电机的事故发生较多。虽然它不算什么大事故，然而会造成停机停产。在高空更换维修又非常困难，故带来损失也不小，可以称得上重大故障，很值得综合分析一下故障原因。

1. 低速挡使用太多，使用时间过长

不管是什么电机，使用低速挡风扇转速低，风力太小，散热条件差，这是温升容易上去的直接原因。要使通风改善，只有增加强制通风。然而设置强制通风会增加设备使用成本，并不是所有起升机构都愿意加的，绝大多数电机都不会加设强制通风，这就要求操作人员必须注意低速挡不可使用太多。大约每 10min 内使用时间累计不要超过 1.5min，每次连续工作时间不宜超过40s。低速挡是慢就位用的，不是运行速度，这个时间是足够用的。问题是要理解为什么不能使用过多，自觉避免使用过多。特别是带涡流制动器的绕线式电机，低速时工作在大电流下，更容易发热。鼠笼式电机，启动时也是电流很大，启动次数太多对电机的电气元件都不利，一定要避免快速连续点动操作。

2. 没有调整好起重量限制器，或者没有设置电机在不同极数下的起重量限制器，或者有起重量限制器故意不用，以小代大，造成电机经常连续严重超载。这种情况经常发生在小塔式起重机上，因为中小型塔式起重机为了压低成本，以小代大，功率不富裕的情况较多。而实际施工中的起重量往往会超过它的容许额定质量。一些施工单位没有负荷率概念，认为只要能吊起来就行。而设计时，功率选择的大小是与负荷率有关的，负荷率越大，发热越严重。塔式起重机起升机构的负荷率是 40%，不是 100%，并不容许满负荷连续工作。对小吊车来说，能吊起来往往已是接近满负荷或超满负荷，连续使用当然就容易烧坏电机了。

3. 连续使用高速提升荷载。塔式起重机高速挡主要是用来落钩的，或者也可以吊很轻的负载。但有的操作人员，当塔式起重机吊索发生摆动时，不是去学会稳钩技术，而是用高速提升的办法去缩短吊索，以此来稳钩，这并不是好方法，容易造成电机发热。比如一个 8t 起升机构额定功率为 30kW，高速起升速度为60m/min，理论吊重 1.3t，吊钩质量 140kg，综合传动效率 0.8，那么这时电机实际功率会达到 35kW，早已超过额定的电机功率。而 1.3t 是塔式起重机的最常用的起重量。常常用高速去提升极易导致电机发热。

4. 电气线路设计上有缺点。在使用带涡流制动的绕线电机作为起升机构驱动使用时，当切除电阻时，如果没有切断涡流制动器或降低其励磁电流，就会使绕组在大电流下工作过长。因为切除电阻会加快电机转速，而转速加快后，若励磁电流不变，涡流制动力矩就会加大，相当于给电机增加了额外负载，只会加大电流，这是很不合理的。最好只有最低挡使用涡流制动，第二挡就将它切除。如果一定要用，就要降低励磁电流，这样涡流制动力矩减小，电机就不会电流太大。即使如此，一、二挡也都不可使用过久。

第四节　塔式起重机其他事故实例及经验教训

前面已经列举了塔式起重机所发生的一些重大事故或故障实例。但除这些以外，在塔式起重机安装使用中，还发生了其他事故或苗头，同样值得引起注意，吸取教训。

1. 小车事故

小车单边走轮脱轨，从吊臂上掉下来，或半边挂在空中。

这种事故有两个方面的原因：（1）小车单边负荷过大，另一边被抬起，使轮缘脱离轨道引发单边滑动。造成这种单边负荷过大的现象多是不正常使用，如侧向斜拉，或者违章，小车吊篮超载严重。（2）小车没有设置防下坠卡板，或者卡板制作不标准，侧面间隙过大，没有起到限位作用。

2. 吊重撞人

是指挥人员或操作人员对吊重和臂架惯性估计不足，没有及时停车，或者现场人员对吊重的摆动力量缺乏认识，直接用手去推或拉重物，想让重物停下来。这种现象在场地受限制、缺乏退路的情况下更容易发生。主要靠施工单位加强安全教育来避免。

3. 人员从高空掉下来

一般情况下，塔式起重机进行了很多安全考虑，只要提起注意，人员不太容易掉下来。发生这种现象，多是有关人员太不注意安全保护。比如不系安全带到危险地方去；不穿工作鞋上高空；还有的人有爬梯不爬，非得从标准节外上下；有的人攀吊钩或站在吊重篮内上下。所有这样做的人，不一定就会发生事故，但这是严重的事故隐患，出了事就无法挽回。当然也有极少数塔式起重机上、下回转支座通道缺少脚蹬，使人员上下有困难。这多是缺乏实践经验引起的，很容易改进。最根本的问题是要树立安全自保意识，有了安全意识，自然就不会去做这些违章的事了。

4. 小件物品坠落伤人

塔式起重机在安装过程中，上面有小件物品是不可免的，比如工具、螺钉、螺帽、销轴、开口销之类。一般要求为安装人员把这些东西装在工具袋内，但很难避免安装中把小东西拿出来，搁在某个地方。安装完后，理应清理好这些小东西，但实际工作中又常常发生丢下一些小件物品没有清理干净。所以在塔式起重机安装和使用中，往往就会有小件物品掉下伤人的事。尽管安全使用中有规定，不准乱放和乱丢小件物品，然而很难保证大家都那么重视和认真执行。而且有些小件物品下掉并不是人为的，所以也只有靠加强安全教育和检查来避免了。

第七章 电气设备和用电安全知识

建筑工地上用电设备多种多样，本章重点介绍塔式起重机的典型电路。

第一节 塔式起重机对电控系统的特殊要求

塔式起重机的电路系统，由动力电路和控制电路两大部分组成，这和其他电力拖动系统差不多。但塔式起重机的工作环境、工作条件和需要完成的任务，决定它与别的电力拖动系统又不一样。塔式起重机对电气系统的要求具有如下一些特点：

1. 塔式起重机因为常年要暴露在野外，每天日晒雨淋，工作环境条件很差。冷的时候零下几十度，热的时候零上40多度。所有的元件易于老化、失去绝缘性能或者锈蚀。因此塔式起重机电控系统不太适合用一般的室内电路系统元件。

2. 塔式起重机作业是高空作业，危险性大，安全要求高。这就决定塔式起重机电气系统元件的可靠性要高。如果故障率过高，关键时刻操作失灵的概率增加，容易发生事故。

3. 塔式起重机作业范围大，调速范围广，高速与低速比值可以达到十几倍，这就给交流调速提出了较高的要求。塔式起重机电控操作很大一部分精力就用在交流调速上。

4. 塔式起重机的起升系统是满载启动，空中提升，既要克服重力，还要克服惯性力，所以启动性能要好。不仅启动力矩要够，而且启动电流冲击又不能太大，加上塔式起重机常常用变极调速，切换速度就是重新启动，普通电机适应不了这一要求。常规启动方法也不能用。故启动方法也是电控系统中一个重要环节。

5. 塔式起重机回转机构、行走机构，都是惯性力特大的拖动机构，既要平稳启动，又不能快速制动。它的拖动特性要软，变速要柔和，这也给电气系统提出特殊要求。

6. 由于塔式起重机安全要求高，正确的操作程序和怎么防止失误就显得特别重要。

7. 为了保障塔式起重机安全运行，安全保护装置较多，这些保护装置大多都与电控限位开关有关。而且电控系统本身还有自己的安全保护措施。

8. 为了保障塔式起重机的安全，减少事故，如何应用现代化电子技术、计算机技术、数码信息技术、图像技术、智能化技术，是塔式起重机电气系统研究的新课题。

下面我们对塔式起重机电气系统调速、启动、制动和电气安全设施分别加以介绍。

第二节　电力拖动调速的主要方式及发展趋向

电力拖动系统的调速，可以分为直流调速和交流调速两大系统。大家知道：直流电机调速主要靠改变励磁电流的大小进行调速，因而很容易实现大范围无级调速。但直流电机不容易变压和远距离送电，现场直流电并不容易获得，所于过去直流电机应用范围很小。但现在可控硅技术的应用，直流电不一定要发电机组供电了，用可控硅直接整流也可得到直流电。在这里，我们主要介绍交流调速的电力拖动系统。

1. 变极调速系统

在塔式起重机中，为了满足其较宽的调速范围，经常使用多速电机。所谓多速电机就是把定子绕组按不同接法形成不同极数，从而获得不同的转速。在中、小型塔式起重机中，常用鼠笼式多速电机，这就是所谓 YZTD 系列的塔式起重机专用多速异步起重电机。鼠笼式多速电机，型号、规格已比较多，双速的有 4/16、4/12、4/8 组合，三速的有 4/8/32、4/6/24、2/4/22 组合。变极调速的鼠笼电机，由于受启动电流的限制，功率在 24kW 以下比较适用。功率过高，对电网电压冲击比较大，工作不太稳定。在中等偏大型塔式起重机中，起重量在 8t 以上，起升速度在 100m/min 左右，24kW 电机就不够用了，如果还用鼠笼电机变极调速就不太适用，于是就改为绕线式电机变极调速。因为绕线式电机的转子可以串电阻，降低启动电流，提高启动力矩，减少对电网的冲击，故可以增大功率，现在实际已用到 50kW 左右。不管是鼠笼式还是绕线式，其变极方法基本上是定子绕组采用△－Y 形接线法。其原理图如图 7-1 所示。

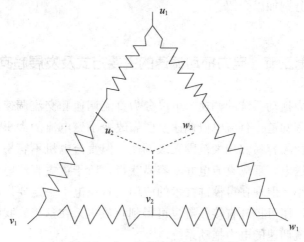

图 7-1　△－Y 形变极调速原理图

定子绕组有 6 个接线头，即 u_1、v_1、w_1 和 u_2、v_2、w_2。当把三根火线接入 u_2、v_2、w_2 时，就是△接法，每个相串联两个绕组，这时极数多，为低速；当把火线接入 u_1、v_1、w_1，并把 u_2、v_2、w_2 三点短接，就是 Y 形接法，每个相并联两个绕组，最后都通到中线，这时极数少，为高速。当然绕组内阻的匹配都是计算好的。

三速鼠笼式电机，还有一个低速极，比如说 32 极，就不太好搞混合绕组，即使搞了其工作效率也不太好，于是就单独搞一个绕组。不过这个绕组功率小，电流也小，比较好处理。绕线式电机的低速不用另搞绕组，而是在其转子绕组上串电阻，软化其启动特性，同时在转子轴上加一个涡流制动器，强行把转速拉下来。这时电机的负载是很大的，电流也很大，只有串联了电阻的转子才能受得了，鼠笼型转子和不串电阻的绕线转子都不得加涡流制动器，不然很容易烧坏电机。这是非常重要的知识，很多工地不了解这一点，没及时解除涡流制动器的励磁电流，结果把电机烧坏了。

变极调速的控制电路，当然要满足两方面的要求：一是定子绕组，要及时断掉原来的绕组供电，同时要立即接上另一个极数的绕组。先断后接，时间差很短，只零点几秒。不容许两套接法同时通电，否则就会短路。所以各种接法要互锁，接通这一种必须锁住另一种，不能让其接通。但不可时间长，因为时间长会引起电机失去驱动力，重物会下滑。二是绕线电机的转子电路，要及时串上电阻，又要接通涡流制动器的励磁电流，使其获得一个低速。随着速度的增加，又要切断涡流制动器的励磁电流，然后一步步切除转子绕组上所串联的电阻。不切断涡流制动器的励磁电流，只减小电阻值是危险的事，容易烧坏电机。建议只有最低挡接涡流制动器，第二挡切除涡流制动的励磁电流，第三挡切除部分电阻，第四挡切除全部电阻，第五挡从 8 极跳到 4 极。这是比较安全的接法。

图 7-2 是典型的三速鼠笼电机的电控线路图。上半部分是动力电路图，下半部分是控制电路图。从图 7-2 中可以看出：当按下启动按钮 SB1 时，如果各操作手柄都处于中位，这时总接触器 KM1 合上，控制电路才会有电。当按下停止按钮 SB2 时，总接触器 KM1 断电，控制电路就断电，这就是紧急停止。但是这种操作只有在紧急情况下才用，一般情况下不应这样使用，而应先停止各种操作，然后才关"总停"。当主令控制器打到上升第一挡时，接触器 KM4 和 KM2 相继闭合，起升机构低速上升；当主令控制器打到上升第二挡时，接触器 KM5 和 KM2 相继闭合，电机定子绕组为△形接法，起升机构以中速上升；当主令控制器打到上升第三挡时，接触器 KM6、KM7 和 KM2 相继闭合，电机定子绕组为 Y 形接法，起升机构就以高速上升。如果要停车，也应是先从高速打入中速，再打到低速，最后停车。当要下降时，先打到下降一挡，接触器 KM4 和 KM3 相继闭合，起升机构低速下降。当主令控制器打到下降二挡时，接触器 KM5 和 KM3 相继闭合，起升机构以中速下降；当主令控制器打到下降三挡时，接触器 KM6、KM7 和 KM3 相继闭合，起升机构高速下降。控制电路中的常闭触头，都是安全装置的限制器或继电器触头，也就是所谓安全条件保障。当然还有一些常闭触头，是为了防止主电路短路而设置的，实际上还是为了安全。

图 7-3 是典型的双速绕线带涡流制动的电控线路，从图 7-3 中可以看出：当主令控制器打到上升第一挡时，接触器 KM4、KM5 和 KM2 相继接通，电机定子绕组为△形接法，起升机构本来应以中速上升，但是由于此时 KM4 把涡流制动器的励磁电路也接通了，涡流制动器强行把电机拉到低速，此时绕线转子的电阻全部串接，以减小工作电流。当主令控制器打到第二挡时，接触器 KM4 断开，电机串电阻运行，速度为次低速，这两

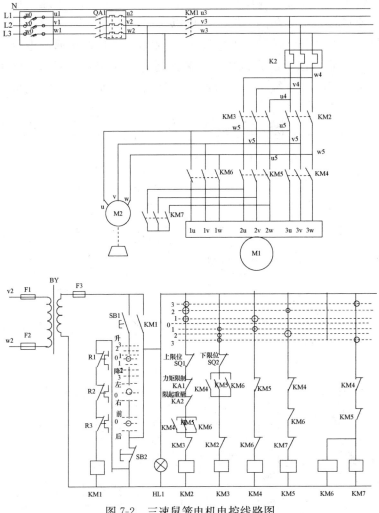

图 7-2 三速鼠笼电机电控线路图

挡速度都不可以运行过长，否则发热严重；当主令控制器打到
上升第三挡时，接触器 KM8 和时间继电器 KT1、KT2、KT3
相继接通，接着接触器 KM9、KM10 和 KM11 也相继接通，电

机转子上的电阻一段段被切除,最后电机真正进入中速,这一变速过程是很柔和的。第三挡可以长时间运行。当主令控制器打到第四挡时,接触器 KM6、KM7 和 KM2 相继接通,电机定子为 Y 形接法,起升机构进入高速运行。在切换过程中,由于电机转子有复合绕组,在高速下阻抗较大,所以切换电流可以

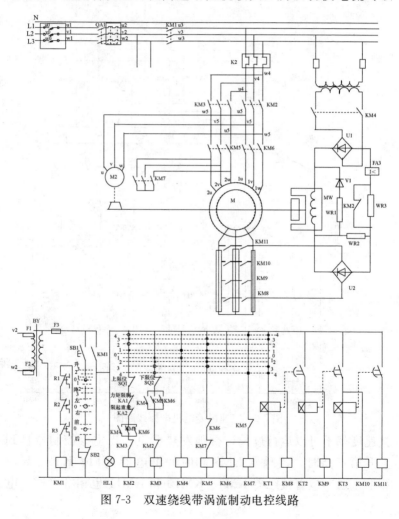

图 7-3 双速绕线带涡流制动电控线路

降低。停车过程同样要一步步切换到停止。当主令控制器打到下降一挡时，接触器 KM4、KM5 和 KM3 相继接通，电机本应中速反转，但涡流制动器强行拉住它，使其只能低速反转。而且 KM2 的常闭触头断掉了励磁电路的一段电阻，使励磁电流加大，这对阻止快速下降有好处。当主令控制器打到第二、第三和第四挡时，其调速过程与上升类似，只是以 KM3 取代了 KM2 而已，故不再细述。

2. 电磁滑差调速

电磁滑差调速是电机转子输出转速不直接输入减速机，而是先通过一个电磁滑差离合器，产生一定的转速差，然后再输入减速机。由于这个转速差是无级可调的，所以这种方案是属于无级调速的范畴。

图 7-4 是电磁滑差调速电机构造示意图：一台普通的鼠笼型异步电机，带动一个圆筒形电枢，电枢内有一个爪形磁极，磁极内有一不动的励磁线圈。当励磁线圈通入直流电后产生空间的磁场。电枢运转切割磁力线会产生感应电势，从而使电枢内产生感应电流。由涡流磁场与磁极磁场相互作用，就会产生转矩，拖动爪形磁极旋转，从而带动输出轴旋转，其旋转方向与拖动电机的旋转方向相同。但输出轴的转速，在某一负载下，取决于通入励磁线圈的励磁电流的大小。励磁电流越大，转差越小，输出转速越高，反之减小励磁电流，转差越大，输出转速越低。切断励磁电流，输出轴便没有输出转矩。这种电磁滑差离合器，其原理有点类似于涡流制动器，只是涡流制动器里没有旋转的爪形磁极，故只有制动功能，没有输出转速的功能。在这里，如果我们把拖动电机制动，筒形电枢不转，而励磁电流延迟切断，实际上对输出轴也构成了一个涡流制动器。但这种制动只是软制动，往往制而不死。

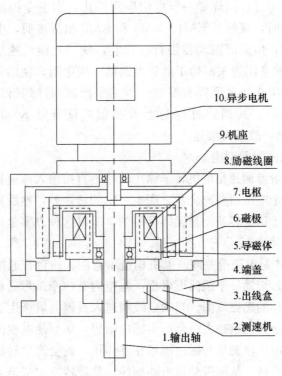

10.异步电机

9.机座

8.励磁线圈

7.电枢

6.磁极

5.导磁体

4.端盖

3.出线盒

2.测速机

1.输出轴

图 7-4　电磁滑差调速电机构造示意图

值得指出：电磁滑差调速虽然是无级调速，但它不适合即时满载启动，所以在塔式起重机起升机构里不适用。但它的这一特性却适合于回转机构的无级调速，通过调整励磁电流把回转力矩和转速一步步加上去，不会有多大冲击。如果拖动电机用锥形转子电机，断电后自行制动，而把励磁电流延迟断开，即可柔和地实现回转制动，这正是塔式起重机回转所需要的。这样做控制线路也很简单，可以开发应用。

3.调压调速系统

在起升机构里我们已经讲过，调压调速是根据异步电机的 M-n 特性曲线，在一定的负载下改变电压，就会获得某一相应转速的原理而设计的。但是现代的调压不是过去调压器的概念，现代调压技术，是将六只可控硅串联在三相交流电路中，控制导电角的大小，来调节三相异步电动机定子绕组的供电电压的大小，从而实现电动机转速的无级调速。在整个过程中，电机可能工作在电动机状态、发电机状态和反接制动状态，但必须保证外荷载力矩与电磁力矩的平衡，这是一个不断的调节过程。这个过程完全由电子设备来完成。由于调压调速的范围比较有限，所以有时把调压调速与变极调速结合起来应用。

图 7-5 是一个典型的调压调速与变极调速相结合的电控图。指令控制器为驾驶室的起升机构操作手柄，控制指令由这里发出；CD 为测速发电机，它测出电机实际转速，从而可以输入控制单元与设置值进行对比，以决定是要升压还是降压；MD 为起升机构驱动的交流多速电机，它与测速电机 CD 连轴。操作主令控制器的手柄，将要执行的指令信号输入微机控制单元。指令信号包含了一系列指令内容：启动、正转、反转、升速、降速、是否变极、是否制动等，微机控制单元接受指令信号，并综合质量信号及速度信号，即根据吊钩的起重量和电机的工作状态，连续控制电子调压器、电机旋转方向及变极对数，使电机工作在指令信号所要求的状态下，并得到所需的调速外特性。电机在不同的外荷载、不同的速度和方向下，就会工作在不同的状态（也即电动、发电、反接制动）和不同的极对数下，从而实现起升机构所要求的低速恒转矩，中、高速恒功率的调节。

4. 变频调速电气系统

可控硅技术的发展和应用，使我们完全可以改变依靠发电机组去改变频率的办法。现代变频技术是靠可控硅把交流电变为直流电，又是靠可控硅把直流电变成另一频率的交流电。整个装置可以装在一个较小的盒内或柜内，形成高度集成化的产品，这就是变频器。

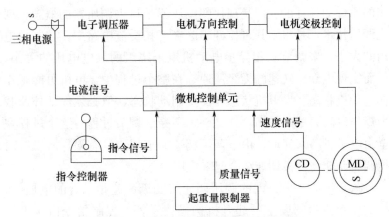

图 7-5　变极调速与调压调速结合电控图

变频调速系统就靠用变频器改变输入交流电机的电源频率，从而改变定子绕组中旋转磁场的转速来达到调速的目的。作为变频技术在塔式起重机上的应用，我们无须去追究变频器本身的构造，只要了解变频调速系统的接线回路就可以了。图 7-6 是一个典型的变频调速电路系统图。工业频率电源经过输入接触器后，首先进入进线滤波器和进线电抗器，以去除干扰电流，再进入变频器中的整流器，变为直流电。然后又经过可控硅变为可改变频率的三相交流电，再经过输出电抗器和正弦波滤波器，才进入输出接触器，最后再进入变频电机的绕组。变频器内还设有相序控制端子，改变相序，也就改变了电机绕组旋转磁场的方向，从而达到使电机正转或反转的目的。

对于能耗式的调频调速，由机械能转变成电能，就在电阻上变成热能而消耗掉。如果增加一个逆变器，它能把发出的电又变成工频电流而反馈到工业电网，这样可以节约能源。但是可逆式变频器的成本较高，一般只有功率很大的起升机构才用这样的方案。

上面介绍的各种调速方法，究竟选什么方法好，要根据具体

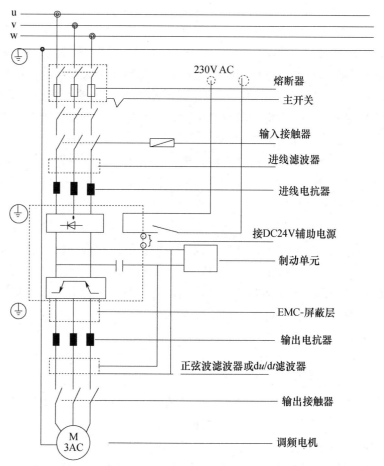

	熔断器
230V AC	主开关
	输入接触器
	进线滤波器
	进线电抗器
	接DC24V辅助电源
	制动单元
	EMC-屏蔽层
	输出电抗器
	正弦波滤波器或du/dt滤波器
	输出接触器
	调频电机

图 7-6　变频调速电路系统图

情况而定。目前阶段，还是变极调速唱主角，因为它成本低，比较好维护管理。但在小功率的回转机构上，用变频调速的越来越多，因为它调速性能好，成本高不了多少。可以预期，随着我们国家经济实力的增强，购买力的提高，变频调速应用会越来越广泛，特别是大功率的起升机构，用变极调速很难克服调速过程中更换绕组的冲击，只有变频调速可以不必切换绕组。

5. 塔式起重机电力拖动系统启动和制动方法

在电力拖动系统中，启动和制动方法也多种多样。例如在启动方面有：降压启动、定子串电阻启动、转子串电阻启动、涡流制动器降速启动、频敏变阻器启动等；在制动方面有：电磁铁抱闸制动、液力推杆制动、盘式制动、锥形转子制动、电磁制动、能耗制动等。但在塔式起重机中，选什么方式好，也只能根据塔式起重机的工作特点来定。

（1）塔式起重机起升机构，要保证重物吊在空中能随时启动上升和下降，下降时又要准确制动不溜车。所以降压启动不能用，只能靠增加转子的阻抗来实现。鼠笼电机用合金铸铝，绕线电机外加电阻和涡流制动器。当然如果用了变频器，启动的转速问题也就同时解决了，加速度也不会大，电流冲击和惯性冲击都很小，这也是变频的突出优点。起升机构的制动，看来只有液力推杆制动是最可靠的制动，其他制动方式都不太合适。盘式制动虽然很紧凑，但在起升机构中经不起那种强力制动的磨损，使用寿命短，常要更换摩擦片，在起升机构中不宜推荐使用。

（2）塔式起重机回转机构。启动和制动特别要防止惯性冲击，因此特性要柔和，加速度和减速度都要小。回转机构功率又不大，因此用串电阻启动较合适，或者带上涡流制动器更好。小型塔式起重机回转，也可用双速鼠笼式电机低速启动。当然将变频调速用于回转那也是最好的办法。回转制动，一般在操作过程中不容许急剧地回转制动，只容许柔和地制动。所以回转机构常用涡流制动器，不管是启动和制动，它都反对过快加速和降速，对回转机构很合适。小型塔式起重机回转，由于要考虑降低成本问题，不想用涡流制动器，那就可以用停车时绕组通入直流来实现能耗制动。但这种直流电必须要延迟短时间后，再自动切除，以免影响正常使用。还值得指出，塔式起重机回转机构中还有一个盘式的电磁制动器，它是常开式的，只有通电时才制动，这实际上是个定位装置，不是正常运转的制动装置。

（3）小车牵引机构。小车牵引，行走速度不是很高，惯性也不是很大，电机功率也不大，启（制）动问题都好解决。启动时一般不必采取特别的措施，制动时也不必制动太急，太急了摆动大。常用的盘式制动、锥形转子制动和蜗轮蜗杆自锁能耗制动都可以。

（4）大车行走机构。大车行走，惯性力是很大的，行走速度不高，电机功率也不大，所以电流冲击不会大。启动时要解决的问题是要柔和，采取的办法是加液力耦合器。在可能条件下也可采取电机软特性启动。大车制动，同样严禁急速制动，可以用盘式电磁制动器降压制动，也可以用蜗轮蜗杆自锁能耗制动。

关于塔式起重机的启动和制动，与机构的调速往往是不可分割的。调速很好的系统，启动和制动也比较容易实施。因为在低速下启动和制动总好办。反之速度太高，问题就难处理多了。故机构性能的好坏，重点仍然是调速方法的选择，这就只能根据性能与成本去兼顾考虑了。对大型塔式起重机，可以选择较高档的办法，但对小型塔式起重机，一定要考虑成本，否则很难大面积普及推广。

第三节　控制指令的主要传递方式

电力拖动系统可以分成动力线路和控制线路两大部分。动力线路指电机怎么与电力系统连接，也称为主回路。而控制线路是控制指令怎么发出、怎么实现对动力线路的控制。

控制线路的指令实际上就是控制系统中各回路的接通和断开，解决各回路在什么条件下该接通，什么条件下该断开，按什么顺序接通断开等问题，这就是操作程序。为了安全起见，塔式起重机的控制回路与主回路常常用隔离变压器隔开。隔离变压器的次级线圈用低压,有 24V、36V、48V,这些都是安全电压,即使不小心触碰一下,也不至于发生大的事故。

1. 传统控制电路

传统的控制电路最基本的元件包括接触器、中间继电器、时间继电器、启动或停止按钮、拨动开关、主令控制器等。另外为了电路的保护,还有热继电器、熔断器、失压保护器、过流保护器、错断相保护器、接地保护器、限位开关等,塔式起重机中还有其他非位移量,如起重量、起重力矩等,也都被转化为位移量,然后用限位开关去限制保护。联动控制台实际就是把塔式起重机控制的主令控制组合起来,以实现起升、下降、回转、变幅、调速等各种指令的发出和组合。在传统控制电路里,这些指令直接控制接触器线圈的通断,目前,我国大部分塔式起重机仍然是这种控制电路。尤其是小型塔式起重机,为了便于普及,要适应基层电工的维护管理需要,这种传统控制电路比较受欢迎。

2. PLC 控制系统

随着电子技术的发展,功能多样的计算机芯片不断出现,用这些芯片,就可以组合出适合电力拖动控制用的计算机。所谓PLC,就是程序语言控制系统。它是把操作者发出的各种指令,用程序语言编写出来,存储在计算机芯片中。这些语言规定当在什么条件与什么条件下,就该接通某个回路,当在另一种条件下,又该断开某回路。把操作过程规范化、程序化,可以减少很多失误,减轻驾驶员劳动强度,提高操作质量和效率。一个 PLC 控制器,体积并不大,可以适应各种各样的电路系统,它的输入端接主令系统和其他信息系统。它的输出端通各个接触器的线圈,至于内部包含些什么那是制作企业的事,用户不必去搞清楚。但 PLC 用得好不好,与程序设计编制人员关系很大,所以仍需要丰富的实践经验,与电路系统设计合理也有很大关系。图 7-7就是用 PLC 控制三速电机的控制线路图。

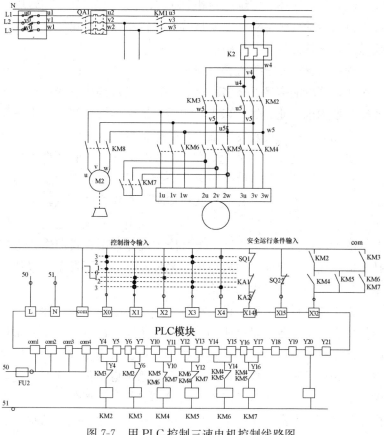

图 7-7　用 PLC 控制三速电机控制线路图

3. 数码信息传递控制方式

塔式起重机是安全保护要求很高的机械设备。尽管设计者和制作企业想出了不少办法来保障安全，然而因各种原因，每年仍要发生一些安全事故，而且一出事故，驾驶员很难幸免。因此考虑采用遥控的方式，让驾驶员带一个控制器，在他便于观察的地方进行操作，这就是一个很重要的。

遥控可以分有线遥控和无线遥控。有线遥控，只要把控制电线拉长，前面所述的传统控制和 PLC 控制都可以用，下回转塔式起重机的活动驾驭室实际上就是有线遥控。在这里我们着重讲无线遥控，这就必然涉及数码信息传送技术。

现在大家已经把手机看得很平常了。一个小小的手机，十几个按钮，居然能传播那么多的信息，这就是数码信息的传送。无线遥控技术也与此类似，当我们按一个遥控器的按钮时，不是简单的开和关，而是代表发出某一个数码信息。这个信息用无线电波发出去，发送距离并不远，200m 以内足可。一个接收器收到后，经过解码器解码，就会知道这个信息的含意，然后送到相应的计算机芯片去处理，并结合其他监测系统送来的信息，进行分析对比，做出判断，最后发出控制指令给电控系统，这就是遥控技术的大体过程。图 7-8 是无线遥控系统方框图。我们作为遥控技术的应用，主要注意力放在用它来控制什么，要发布一些什么指令信息，而不在于里面的构造。

把无线遥控技术用于设备控制，叫工业遥控器。实际上工业遥控器在许多设备上早已应用了，比如桁车、混凝土泵车、布料杆、压路机都有应用。在塔式起重机上也已经应用成功，司机可以不用爬塔。实际上在设计遥控装置时已考虑了很多问题，比如别的无线电波干扰、塔式起重机群的信息窜位、偶尔的失灵、误操作的纠正、紧急停车等。在计算机芯片中，除了接收信息，还有信息识别、信息处理、信息对比、条件分析等许多环节，只有正确的信息才能做出反应，错误信息不会受理，或在程序上自动纠正，这种以计算机为核心的操作系统，也叫智能化控制。至于控制电路，还是与有线控制电路通用。有的甚至两套指令系统并存，用有线也可以，用无线也可以，只要调换一下插头就可。塔式起重机的操作是危险作业，尤其是高塔、长臂架塔，驾驶员离目标太远，看不清，用摄像头缺乏主体感，纵向距离看不清，更有必要用无线遥控，使驾驶员可以走动，到他认为合适的地点操作，这是很有意义的事。

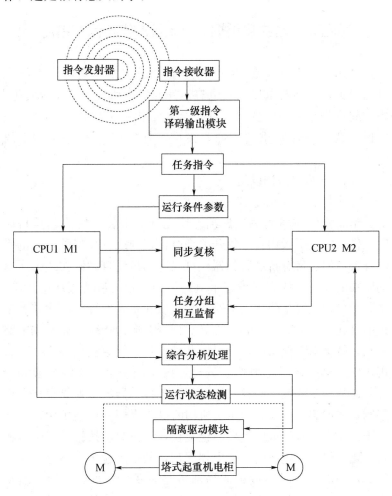

图 7-8 无线遥控系统方框图

第四节　塔式起重机电控系统的安全保护措施

塔式起重机电控系统的安全保护措施指的是对电气系统本身的保护，包括对电机、对电气元件的保护和避免人体触电等。塔式起重机是大型设备，人就在金属结构件上工作，电气系统的保护就显得特别重要，如有忽略，往往潜伏着重大的事故隐患。

1. 主电路的保护设施

塔式起重机的主电路，通常要求设置有铁壳开关、空气开关、错断相保护器和总接触器。铁壳开关常装在塔式起重机底节，作为电源引入用。空气开关是电控柜内或者是驾驶室内的手动开关，但它带有自动脱扣器，可以起到过流自动脱扣或失压自动脱扣的作用，从而保护整个电路不会有过流或者失压的危险。错断相保护主要是防止主电路换相或缺相带来的影响。比如本来接的是起升、下降、左转、右转、向外、向内指令，如果主电路换相，就会引起误操作，有了错断相保护，就会先把相序改过来再操作。总接触器是由驾驶员通过按钮控制主电路的接通和断开。通常的急停就是断开总接触器。总接触器的接通受很多条件限制，比如起升、回转、牵引机构的操作手柄一定在中位，不能由于操作未准备好或停电后忘记复位，一按启动按钮塔式起重机就开始动作。对电机的热继电器保护，其常闭触头也在总接触器回路，当电机长时间过载或局部短路而发热严重时热继电器动作，常闭触头跳开，也会切断主电源。有了上面几道保护，主电源的安全送电也就有了保障。一般不要随便动主电源的开关，动作次数越多，损耗越大，所以只有在应急时才动它。

2. 对电机的保护

对电机的保护主要目标是防止短路和过热。有三种装置：

（1）短路保护

一般熔断器和过流自动脱扣开关就是短路保护装置。三相异步电动机发生短路故障或接线错误短路时将产生很大的短路电流，如不及时切断电源，将会使电动机烧毁，甚至引发更重大的事故。加装短路保护装置后，短路电流就会使装在熔断器中的熔体或熔断丝立即熔断，从而切断电源，保护了电机及其他电气设备。

为了不使故障范围扩大，熔断器应逐级安装，使之只切断电路里的故障部分。但熔断器应装在开关的负载侧，以保证更换熔断丝时，只要拉开开关，就可在不带电的情况下操作。常用的熔断器有 RC 型（插入式）、RI 型（螺旋式）、RTO 型（管式）和 RS 型（快速式）。

（2）过载保护

热继电器就是电动机的过载保护装置。电动机因某种原因发生短时过载运行并不会马上烧坏电机，但长时间过载运行就会因严重过热而烧坏铁芯绕组，或者损坏绝缘而降低使用寿命。因此，在电动机电路中需要装热继电器加以保护。在电动机通过额定电流时，热继电器并不动作，当电流超过额定值 20％ 以上连续运行时，热继电器应在 20min 内动作，切断控制电路并通过连锁装置断开电源。一般热继电器的动作电流，定为电动机额定电流的 1.2 倍。

值得指出，由于塔式起重机每个工作循环周期较短，大约 10min 以内，因而靠热继电器动作来保护电机作用并不大。因为热继电器的热元件是靠电流值在起作用，要起作用需要时间较长。但塔式起重机电机发热主要在低速运行阶段，低速散热条件差，电流未必大多少，可绕组发热严重，温度很高。特别是带涡流制动器的绕线电机，如果没有强制通风散热，低速运行是烧坏电机的主要原因。这种情况下一是最好强制通风，再一个办法是绕组内预埋热敏电阻。当绕组温度升到一定值时就切断控制回路，让该电机断电。这是一种较好的保护电机的办法。然而热敏电阻的动作要校准，而用户却常常忽视这种校准工作，而且一看到用热敏电阻容易断电就不愿意用它，实际上这是违背科学的，是损耗性的操作。

（3）失压保护

电动机的电磁转矩与电压的平方是正比关系，也即 $N = V^2 / R$。若电源电压过低，而外加负载仍然是额定负荷，那就将使电动机的转速下降，依靠加大转差率来获得所需要的电磁转矩。这时转子内感应电流大大增加，跟随着定子电流也增加。电机长时间地在低速大电流下运行，发热严重，这将使电机容易烧坏。所以在电压过低时，应及时切断电动机的电源，这就要求有失压保护。塔式起重机要求电源电压不得低于额定工作电压的 10％。但实际上很多工地做不到，这时只能靠失压保护装置来控制。失压保护装置一般设在自动脱扣的空气开关内，还有自耦降压补偿器，也设有失压脱扣装置。在接触器的电磁线圈控制回路中，对电压也有要求，电压过低时线圈磁力保不住，也会跳开。如果工地老发生这种现象，就应调整电源电压，必要时就要加大变压器的容量。

3. 人身安全保护

塔式起重机主要由金属结构件组成，如果电路漏电，对人的威胁是很大的，所以电气系统必须要有这方面的保护。

（1）操作系统安全电压

塔式起重机的控制电路，要求用电源隔离变压器把 380V 电压变为 48V 以下的安全电压，这样人接触动力电压的机会就很少了，可以提高安全保障。

（2）可靠地接地

塔式起重机的金属结构、电控柜都要可靠接地，接地电阻不得大于 4Ω，要经常加以检查。

塔式起重机的电源是三相四线制供电。电气系统的中线要与电源的中线接好，不可随意接在金属构件上，中线与地线（零线）要分开，以免意外漏电或三相电压不平衡。这就是三相五线制的要求。

（3）保证电气系统的绝缘良好

要经常检查电路系统对地的绝缘，绝缘电阻应当大于 0.5MΩ。当然越大越好，防止意外接通金属结构件，电线电缆不要与尖锐的金属边缘接触，以防磨破发生漏电事故。

4. 信号显示装置

一台塔式起重机立起来后，总是要和周围的人和物发生关系，会影响周围环境条件，因此有必要设置信号显示装置，提醒所有相关人员的注意。

（1）电铃

塔式起重机运行前，司机须用电铃声响通知相关人员，提醒塔式起重机要动作了。当塔式起重机超力矩或超重时，电铃也会发出响声，表示超负荷了，司机自己也就知道要小心操作了。

（2）蜂鸣器及超力矩指示灯

当塔式起重机起重力矩达到额定力矩的 85%～90% 时，蜂鸣器和指示灯会发出响声和灯光，预先提醒司机小心操作，快到满负荷了。

（3）障碍指示灯

在塔式起重机顶部和起重臂前端，各应装一个红色障碍灯，以指示塔式起重机的最大轮廓、高耸高度和位置。这些障碍灯，在夜间停机后也应该接通，主要防止飞机撞击塔式起重机。障碍灯应接在照明电路内。

（4）电源指示

塔式起重机内应该装有电源指示灯和电压表，当合上空气自动开关后，电压表的电压就可显示出来。一般要求电压在 380±19 的范围内，才可以正常操作。当按下总开关按钮后，电源指示灯亮，表示控制系统已通电，塔式起重机已准备好，可以正常工作。

第五节　塔式起重机安全装置的调整

我们已经介绍了塔式起重机的各种安全机构，也介绍了塔式起重机的电气系统的安全保护装置。实际上所有各种安全机构，最后还是落实在电气控制系统里，对各种运行参数加以限制，下面介绍塔式起重机各种安全装置的调整。

1. 起重力矩限制器

在前面我们已比较详细地介绍了起重力矩限制器的工作原理和构造，不管是弓形板还是杠杆弹簧式装置，都是把一个与力矩有关的参量变成一个便于测量和利用的位移量，正是依赖这个位移来触动控制回路的行程开关。

力矩限制器的调整方法如下：把小车开到该塔式起重机规定的基本臂幅度处，进行起吊作业，按该幅度标定的额定起重量一步步加载，当塔式起重机的起重力矩达到额定力矩的 85％或 90％时，具体选哪一个可以自行设定，调整触头螺钉，使其中一个行程开关被触发，接通操作台上的蜂鸣器和力矩指示灯，用声音和灯光向司机发出预警，提醒司机谨慎操作。继续加载，当塔式起重机的起重力矩达到额定力矩的 100％或 105％时，具体选哪个指标也可自己设定，调整另外的行程开关触头，使其接通一个中间继电器的线圈电路，由中间继电器切断起升电机上升回路的控制线圈电路，使其不能起升重物，但可以下降。与此同时，中间继电器还切断变幅机构的控制回路，使小车不能向前变幅，但可以向后变幅。除此以外，中间继电器还接通报警电铃，发出超力矩声音警告。达到额定力矩时，接通中间继电器的行程开关，最好设两个且并联连接，只要其中任何一个触发即可接通中间继电器。这样可以防止行程开关失灵。两个行程开关同时失灵的机会极少，可以提高安全保障度。

2. 起重量限制器

起重量限制器由一套弹簧变形装置和两个行程开关组成。使起重量的大小变化转化为弹簧变形量，也即为触头相对于行程开关的位移量。调整时把小车开到起吊最大起重量的幅度范围之内，不要放在最大起重量的最大幅度处，以免与力矩限制器的信号混淆。逐步加大起重量，当起升荷载达到高速起升最大荷载的105％时，调整触发螺钉，使起重量限制器中的一个行程开关被触发，此时电控系统就自动地切断高速而后又立即接通中速，防止电机过载溜车。继续加载，当起升荷载达到中速额定荷载的105％时，调整触发螺钉，使起重量限制器中另一个行程开关被触发，带动中间继电器，切断起升机构的上升回路，停止重物起升，但可以下降，同时，电铃发出声音报警。

3. 起升高度限位器

起升高度限位器通过装在起升卷筒轴的一端开式传动小齿轮以及多功能限位器来实现。多功能限位器由蜗轮蜗杆减速机构、凸轮、限位开关等组成。当起升机构运行时，卷筒旋转就会带动凸轮慢慢旋转，当吊钩上升到离小车上的滑轮大约 1.5m 时，调整触发凸轮片，使上升回路的限位开关动作，切断常闭触头，停止上升作业。但吊钩可以下放，如果吊钩下放到地面，可以调整多功能限位器的另一个凸轮片，使下降回路断电，防止继续下放而造成松绳乱绳。

4. 回转限位器

回转限位器是通过装在回转上支座一侧并与回转支承外齿圈啮合的一套开式齿轮以及多功能限位器来实现。使塔式起重机向某一侧回转约 1.5 圈，调整多功能限位器的一个凸轮片，使其触发行程开关，断掉该方向电路。反过来再回转约 3 圈，调整另一个凸轮片，触发另一个行程开关，切断另一方向的电路。

5. 变幅限位器

变幅限位器是通过装在牵引卷筒轴端的传动装置和多功能限位器来实现的。先使小车向外开，离臂端约 1m 时，调整多功能限位器的一个凸轮片，使其触发向外变幅的限位开关，断掉前进电路。反过来让小车内开，当离臂根约 2.5m 时，调整另一凸轮片，使其触发另一行程开关，停止向内继续行走。

6. 行走限位

带行走台车的塔式起重机一定要设置行走限位。行走限位开关一定要置于轨道阻车墩之前 5m 以上，使其能提前停车，不至于因惯性行走使大车碰到阻车墩。

安全机构的调整，通常由熟悉电路的人员去执行，其他人员不得轻易去动行程开关。

第六节　电气系统操作使用注意事项

电气系统故障是塔式起重机和其他用电设备使用中发生故障最多的，当然这与电气元件的质量有关。但正确的操作使用，可以保护电气元件，延长使用寿命，减少故障次数，提高利用率。为此，建议用户要注意以下事项。

1. 塔式起重机新装或转移工地后对电气设备的检查。

安装新塔式起重机或将塔式起重机转移到一个新工地后，在投入正常使用前，应做如下几个方面的仔细检查。

（1）根据当地的电源电压，对电气设备进行正确的连接与调整

① 核查三相电动机、电磁铁、各种控制电气元件的额定工作电压是否与当地的供电电压相符，如不符，要做出相应的变更调整。一定要使供电电压符合塔式起重机使用要求，或者改变塔式

起重机电器的接线，撤换不同额定电压的电气元件，使之符合当地供电电压的要求。

② 要考虑到改变电机或电气元件的接线方式或调换电气元件后，对其额定输出功率会带来影响，或者会增大输入电流，于是要重新对供电保护器（如过电流保护器、熔断器、热继电器）进行相应调整。

（2）用兆欧表（又称摇表）检查电动机三相绕组之间和每相绕组对外壳的绝缘电阻，其值至少应大于 $0.5M\Omega$。还要检查导线、电缆的绝缘情况，对破坏处要包扎好或更换。

（3）查看一遍所有电气设备，如电动机、控制器、接触器、电阻器、集电环及熔断器、过电流继电器等。看其动作、运行情况是否正常，电机的响声是否正常，轴承中有无黄油。还要检查不带电部分的接地情况是否良好。

（4）通电进行控制电路试验

① 将所有操作手柄拨在中位，按动"启动"按钮，查看总接触器的动作情况，再按"停止"按钮，总接触器应跳开。

② 把任一个控制手柄拨到工作位置上，再按"启动"按钮，总接触器应不动作，则说明零位保护已发挥作用。

③ 接通总接触器后，再拨动安全保护触头（如高度限位器、起重量限制器、力矩限制器），再开动起升机构。此时，应当开不动，说明安全装置及其连接的电路正常。

④ 分别接通各个接触器，依次拨通相应的限位开关和过电流继电器常闭触头，查看其切断控制电流的能力。

（5）接通主电路进行试验。

① 使各台电机依次运转，查看其启动、运转是否平稳、正常，有无杂声。同时要观察多速电机与滑环电机的调速情况，如发现问题要查明原因，予以解决。

② 分别拨动起升、回转、小车、大车的控制器，查看操作方

向与实际运行方向是否一致，如不一致，就要调整过来。

③ 分别操纵塔式起重机各机构，观察高度限位、小车行走限位、大车行走限位、回转限位，其限位开关是否与运行方向一致，并能准确动作断电，否则就要调整。

（6）对整机各部分的电线、电缆及其连接处进行全面检查。尤其在电线的接头处、弯折处和接触高温的地方要加强检查。这些地方最容易折断电线、损坏电源，所以必须重点查看，发现隐患要及时处理或更换新的电线电缆。

2. 电气设备的故障、排除和保养

（1）电气设备的常见故障及其排除方法

塔式起重机在工作中可能出现各种故障，这是很自然的，尤其在电气设备方面故障较多。现将一般常见故障及其排除方法列表如下（见表 7-1），供用户参考。

表 7-1　塔式起重机电气设备常见故障及其排除方法

故障现象	检查办法	故障产生的可能原因	排除办法
通电后电机不转	观察	1. 定子回路某处中断 2. 保险丝熔断，或过热保护器、热继电器动作	1. 用万用表查定子回路 2. 检查熔断器、过热保护器、热继电器的整定值
电动机不转，并发出嗡嗡响声	听声	1. 电源线断了一相 2. 电动机定子绕阻断相 3. 某处受卡，或负载太重	1. 万用表查各相线 2. 万用表量接线端子 3. 检查传动路线 4. 减小负载
旋转方向不对	观察	接线相序不对	任意对调两电源线相序
电机运转时声音不正常	听声	1. 接线方法错误 2. 轴承摩擦过大 3. 定子硅钢片未压紧	1. 改正接线法 2. 更换轴承 3. 压紧硅钢片
电动机发热过快，温度过高	1. 手摸 2. 温度计量 3. 闻到烧焦味	1. 电机超负荷运行 2. 接线方法不对 3. 低速运行太久 4. 通风不好 5. 转子与定子摩擦	1. 减轻负荷 2. 检查接线方法 3. 严格控制低速运行时间 4. 改善通风条件 5. 检查供电电压，调整电压

续表

故障现象	检查办法	故障产生的可能原因	排除办法
电动机局部发热	同上	1. 断相 2. 绕组局部短路 3. 转子与定子摩擦	1. 查各相电流 2. 查各相电阻 3. 查间隙、更换轴承
电机满载时达不到全速	转速表测量	1. 转子回路中接触不良或有断线处 2. 转子绕组焊接不良	1. 检查导线、电刷、控制器、电阻器，排除故障 2. 拆开电机找出断线处焊好
电机转子功率小、传动沉重	观察听声音	1. 制动器调得过紧 2. 机械卡住 3. 转子电路、所串电阻不完全对称 4. 电路电压过低 5. 转子或定子回转中接触不良	1. 适当松开制动器 2. 排除卡的因素 3. 检查各部分的接触情况 4. 查电源电压 5. 查各接线端子
操纵停止时，电动机停不了	观察	控制器（或接触器）触点放电或弧焊熔结及其他阻碍触头跳不动	检查控制器、接触器触头的间隙，清理或更换触头
滑环与电刷之间产生电弧火花	观察	1. 电动机超负荷 2. 滑环和电刷表面太脏 3. 电刷未压紧 4. 滑环不正，有偏斜	1. 减少荷载 2. 清除脏物 3. 调节电刷压力 4. 校正滑环
电刷磨损太快	观察	1. 弹簧压力过大 2. 滑环表面摩擦面不良 3. 型号选择不当	1. 调节压力 2. 研磨滑环 3. 更换电刷型号
控制器扳不动或转不到位	拨动控制器	1. 定位机构有毛病 2. 凸轮有卡住现象	1. 修理定位机构 2. 去掉障碍物
控制器通电时电动机不转	观察	1. 控制器触头没接通 2. 控制器接线不良	1. 修理触头 2. 检查各接线头
控制器接通时过电流继电器动作	观察	1. 控制器里有脏物，使邻近触点短接 2. 导线绝缘不良，被击穿短路 3. 触头与外壳短接	1. 除尘去脏 2. 加敷绝缘 3. 矫正触头位置

故障现象	检查办法	故障产生的可能原因	排除办法
电动机只能单方向运转	观察	1. 反向控制器触头接触不良 2. 控制器中转动机构有毛病或反向交流接触器有毛病	1. 修理触头 2. 检查反向交流接触器
控制器已拨到最高挡电机还达不到应有速度	观察	1. 控制器与电阻间的配合线串线 2. 控制器转动部分或电阻器有毛病	1. 正确接线 2. 检查控制器和电阻器
制动电磁铁有很高的噪声，线圈过热	观察	1. 衔铁表面太脏，造成间隙过大 2. 硅钢片未压紧 3. 电压太低	1. 清除脏物 2. 纠正偏差，减小间隙 3. 电压低于 5%，应停止工作
接触器有噪声	听声	1. 衔铁表面太脏 2. 弹簧系统歪斜	1. 清除工作表面 2. 纠正偏斜，消理间隙
通电时，接触器衔铁掉不下来	观察	1. 接触器安放位置不垂直 2. 运动系统卡住	1. 垂直安放接触器 2. 检修运动系统
总接触器不吸合	观察	1. 控制器手柄不在中位 2. 线路电压过低 3. 过电流继电器或热继电器动作 4. 控制电路熔断器熔断 5. 接触器线圈烧坏或熔结 6. 接触器机械部分有毛病	逐项查找并排除
配电盘刀闸开关合上时，控制电路中就烧保险	用摇表或万用表测控制电路	控制电路中某处短路	排除短路故障
主接触器一通电，过流继电器就跳闸	同上	电路中有短路的地方	排除短路故障

续表

故障现象	检查办法	故障产生的可能原因	排除办法
各个机构都不动作	用电压表测量电路电压	1. 线路无电压 2. 引入线折断 3. 保险丝熔断	1. 检修电源 2. 万用表查电路 3. 更换保险丝
限位开关不起作用	观察	1. 限位开关内部或回路短路 2. 限位开关控制器的线接错	1. 排除短路故障 2. 恢复正确接线
正常工作时，接触器经常断电	观察	1. 接触器辅助触头压力不足 2. 互锁、限位、控制器接触不良	1. 修复触头 检查有关电器，使回路通畅
安全装置失灵	观察	1. 限位开关弹簧日久失效 2. 运输中碰坏限位器 3. 电路接线错误	1. 更换弹簧 2. 更换限位开关 3. 按图纸要求重新接线
集电环供电不稳	观察	1. 电刷与滑环接触不良 2. 电刷滑环偏心 3. 电刷过分磨损或弹簧失效	1. 更换或修理电刷 2. 检修集电环 3. 更换或修理电刷弹簧

（2）电气设备的维护保养

电气设备的维护保养分日常维护、一级保养和二级保养几个层次。各有各的责任范围。现分别介绍如下：

① 日常维护保养的工作内容有：

a. 每日班前、班后要清除设备上的灰尘、油污。

b. 检查电动机的轴承和经常调整电刷机构，使之正常工作。同时，还要观察电动机的运行情况和发热程度，防止温升过高。

c. 检查接触器、控制器等电器的触头，如有烧损的地方，应立即修理，保持触头压力正常、清洁、平整。

d. 检查配电板、控制器和电阻器上的接线端子，发现松动的螺丝要及时拧紧。

e. 起升机构的制动器及液力推杆装置要经常检查电气线路和接头。经常检查油位、油质，根据情况及时加油、换油。

f. 要经常检查供电电缆的磨损情况及接地保护的搭接处，发现情况及时处理。

② 一级保养作业内容见表 7-2。

一级保养应每工作 200h 进行一次。

表 7-2 一级保养作业内容

保养对象	作业内容及技术要求
电动机	1. 清除电刷滑环上的尘土污垢，检查电刷的压力，要求压力均匀，接触面不少于 50% 2. 检查电刷的软线，不得有短接现象 3. 测量定子及转子的绝缘，并检查接线端子的牢固情况 4. 检查集电环，不允许其表面凹凸不平和有变色现象 5. 紧固机座与电动机的连接螺栓 6. 检查轴承，打开轴承座，检查滚珠及润滑油，如发现变质应及时更换
制动器	1. 电磁铁上、下移动衔铁不得与线圈内部的芯子互相摩擦 2. 液力推杆装置要加液压油，保持油量、油质的正常，其他活动机构也要加注润滑油 3. 检查制动瓦的接触情况，接触面不得小于 75% 4. 检查各机构的开口销及调整螺栓，不得缺少 5. 调整制动瓦的间隙，要求达到可靠的制动性能
控制器	1. 更换磨损过度的触点和接触片 2. 刮净其中的黑灰和铁屑 3. 调整触点的间隙，应使接触可靠、压力均匀 4. 扳手的动作应灵活可靠，不得有卡住和太松的现象 5. 转动部分，应当加注润滑油 6. 拧紧固定压线螺丝，并更换损坏的螺丝
限位开关	1. 打开检查各触点开闭是否可靠 2. 调整顶杆、碰轮的位置，检查外壳的固定和防雨情况
配电箱	1. 检查与磨光各接触器弧坑与触头 2. 刮净灭弧坑内的黑灰与铁屑 3. 清除接触器胶木底盘的污垢与尘土 4. 检查接线端子有无松动 5. 打磨因电弧烧坏的刀口，并在刀口上涂抹适量黄油 6. 清除衔铁的尘土、污垢，检查线圈的绝缘

保养对象	作业内容及技术要求
电阻器	1. 紧固四周的压紧螺栓 2. 紧固各接线端子及底盘螺栓 3. 清除电阻片上的积灰及脏物 4. 检查电阻元件的完整性及其绝缘情况 5. 发现有破裂、断损的电阻片或绝缘垫应及时更换

（3）二级保养作业内容

塔式起重机工作 3000h 以后，应当进行二级保养。二级保养作业内容见表 7-3。

表 7-3　二级保养作业内容

保养项目	作业内容及技术要求
电动机	1. 检查机体的完整性 2. 测量转子与定子的间隙 3. 测量定子与转子的绝缘电阻，要求大于 $0.5M\Omega$ 以上 4. 检查轴承间隙 5. 调整电刷压力及清洁集电环 6. 更换磨损过度的电刷
制动器	1. 调整和检查液压推杆装置的行程，测量液压推杆电机的绝缘电阻（$\geqslant 0.5M\Omega$） 2. 更换磨损过度的闸瓦或制动带 3. 更换杠杆上的连接销和开口销
控制器	1. 测量控制器元件对外壳的绝缘（$\geqslant 0.5M\Omega$） 2. 清除尘土和污垢 3. 调整各触头的间隙和压力，调整定位装置的间隙，保证启动调速时分挡的准确性 4. 更换磨损过度的元件
限位开关	1. 清除触头的缺陷，调整弹簧压力 2. 测量触头元件与外壳的绝缘电阻（$\geqslant 0.5M\Omega$）
电阻器	1. 紧固各连接螺栓，测量电阻片对外壳的绝缘电阻（$\geqslant 0.5M\Omega$） 2. 检查和更换断片，并保证各片之间的良好接触和对壳绝缘 3. 清除灰尘和污垢

续表

保养项目	作业内容及技术要求
配电箱	1. 打磨接触器触点上的弧坑 2. 测量接触器的对壳绝缘、相间绝缘 3. 调整或校正过电流继电器的整定值（包括热继电器），应当在 1.5 倍额定电流下动作 4. 紧固各大、小端子的固定螺栓
电线	检查全部主电缆线、辅助线及照明线等的绝缘和磨损情况，不合格的、老化的要立即更换掉，紧固各连接线板的接线端子

第七节　施工场地的安全用电

塔式起重机是工地上的主要用电设备，它功率较大，人员在高空操作。因此塔式起重机的用电安全要求比其他设备要求更高，所以对工地上用电也有其特定的要求：

1. 一般要求

（1）塔式起重机应有自己单独的电源开关。建筑工地用电设备较多，往往有自己单独的变压器和供电线路。塔式起重机的电路设计中，都设有自己单独的电源开关，这是必不可少的。当塔式起重机不工作或检修时，应当将电源开关拉闸，工作时再合上。但有的工地，将其他设备与塔式起重机共用一个电源开关，这就潜伏着事故危险。非操作人员和检修人员，是不可以动电控系统的。当塔式起重机不工作或检修时，电源开关已拉下，检修人员认为已拉闸是安全的，而别人不一定知道塔式起重机处于什么状态。如果和其他设备共用一个电源开关，别人就可以去合闸，塔式起重机就有误动作的可能。塔式起重机的误动作往往就存在着很大的事故隐患。所以其他设备不可以与塔式起重机共用一个电源开关。

（2）要重视保护塔式起重机的供电电缆。塔式起重机功率往往比较大，电缆也较粗，而且拉的距离较长，经过的地点较多，受到磨损、碾压的可能性也较多。特别是行走式塔式起重机，为此必须更加注意保护。电缆经过人和车的通道处，一定要架空或者套上钢管埋入地下，避免遭到碾压、避免或引发触电事故。要常常检查电缆接头是否有摩擦或尖锐物品使电缆破损，任何破损都可以引起结构带电和触电，这是用户千万应该注意的。

（3）控制电路和动力电路要用电源变压器分开，而且控制电路最好选用安全电压，48V 以下。塔式起重机操作人员，是在高空作业，直接站在金属结构上，任何带电漏电，对他们都有威胁，这和其他设备不一样。尽管发生触电的事故机会很少，但作为用户，注意要选用安全电压。

（4）塔式起重机的工作区一定要避开高压线。吊钩和钢丝绳不应该跨过电线去作业。

（5）用户要学习和掌握触电解救法及电气灭火方法的一些常识，万一发生事故应有正确的处理办法。

2. 触电解救法

当发现有人触电时，应当尽快让触电者脱离电源，切断通过人体的电流。但作法要得当，否则还有扩大事态的可能。

（1）在低压设备（对地电压 250V 以下）上脱离电源的方法：应迅速地拉下电源开关、闸刀或拔下电源插头。当电源开关较远不能立即断开时，救护人员可以使用干的衣物（衣服、手套、绳子、木板、木棒或其他不导电物体）为工具，拨开电线或拉动触电者，使触电者与电源分开，但不能用金属或潮湿的物件为工具。

解救时最好是一只手进行，以免双手形成回路。如果触电者因抽筋而紧握导电体无法松开时，可以用干燥的木柄斧头、木槌或胶柄钢丝钳等绝缘工具砍电线，切断电源。

（2）在高压设备上触电，应当立工即通知有关部门拉闸断电，并做好各种抢救的准备。如此法不可行时，可采取抛掷裸体金属软线的方法使线路短路接地，迫使保护装置跳闸动作，自动切断电源。注意抛掷金属线前，应将软线的一端可靠地接地，然后抛掷另一端。

（3）如果触电者在塔式起重机上所处位置较高，必须预防断电后触电者从塔式起重机高处摔下来的危险，并采取防止摔伤的安全措施。即使在低处，也要防止断电后触电者摔倒碰在坚硬的钢架或结构物上的可能性。

（4）如果触电事件发生在夜晚，断电后会影响照明，应当同时准备其他照明设备，以便进行紧急救护工作。

3. 触电紧急救护方法

触电人脱离电源后，应争分夺秒紧急救护，采取各种救护方法。

（1）如果触电者尚未失去知觉，仅因触电时间长或曾一度昏迷，应必须让其保持安静，并请医生前来诊治或护送去医院。但应严格监视触电者的症状变化，以便急救。

（2）如果触电者已经失去知觉，但呼吸尚存，应使其舒适、安静地平卧，解开衣服，使其呼吸通畅。给他闻阿母尼亚水，同时，可用毛巾蘸酒精或少量水摩擦全身，使之发热。如天冷，应特别注意保温，尽快请医生诊治。

（3）如果触电者已停止呼吸，但心脏仍在跳动，应立即实施人工呼吸进行急救。即使心跳和呼吸都停止，也不能认为已经死亡，仍要进行各种人工办法抢救，并尽快送医院紧急救治。因为触电人"假死"可以延长较长时间，实现急救法几小时后活过来的可能性也是存在的。

4. 电气火灾的扑灭

在工地上，由于过流、短路等种种原因，发生电气火灾的可能性是存在的。特别是夜间工地，不易发现事故苗头，而工地上建筑材料又多，容易引起火灾。当发生电气火灾时，要迅速切断电源，然后组织灭火。电气灭火不能用水和泡沫灭火器灭火，因为水和溶解的化学药品有利于导电。只能用二氧化碳（CO_2）、四氯化碳（CCL_4）和干粉灭火，还可以用干黄沙灭火。

　　操作以上各种灭火器应站在风的上风口，也即面向顺风方向。最好能穿戴绝缘劳护用品，并要采取防毒和防窒息的措施。在可能条件下，注意尽量保护好电气设备不受损坏。切断电源时要防止人身触电。

参考文献

［1］孙在鲁．塔式起重机应用技术［M］．北京：中国建材工业出版社，2003．

［2］杨长睽，傅东明．起重机械［M］．北京：机械工业出版社，1992．

［3］刘佩衡．国外塔式起重机［M］．北京：中国建筑工业出版社，2005．

［4］吴启鹤．塔式起重机的应用和计算［M］．成都：四川科技出版社，1995．

［5］顾迪民．起重机械事故分析与对策［M］．北京：人民交通出版社，2001．

［6］孙在鲁．建筑施工特种设备安全使用知识［M］．北京：中国建材工业出版社，2005．